高职高专"十二五"规划教材
国家骨干高职院校建设"冶金技术"项目成果

项 目 工 作
——熔盐电解法生产多晶硅技术研发

主编　石 富　吴彦宁

北京

冶金工业出版社

2013

内 容 提 要

本书基于熔盐电解法生产太阳能级多晶硅的技术研发思路,分别论述了熔盐电解法制取铝硅合金、真空感应熔炼铝硅合金、定向凝固分离铝硅合金和提纯多晶硅等生产过程的基本原理、工艺流程和设备、工艺参数以及操作技术。在学习国内外职业院校开展项目工作教学经验的基础上,本书尝试以完成学习任务和工作任务的形式,指导学生以项目工作为导向进行学习。

本书可作为高等职业技术教育冶金专业、材料工程专业的教学用书,也可作为相关企业技术人员职业资格和岗位技能培训教材。

图书在版编目(CIP)数据

项目工作:熔盐电解法生产多晶硅技术研发/石富,吴彦宇主编 . —北京:冶金工业出版社,2013. 12

高职高专"十二五"规划教材 . 国家骨干高职院校建设"冶金技术"项目成果

ISBN 978-7-5024-6553-7

Ⅰ.①项… Ⅱ.①石… ②吴… Ⅲ.①硅—熔盐电解—高等职业教育—教材 Ⅳ.①TQ127.2

中国版本图书馆 CIP 数据核字(2014)第 030444 号

出 版 人 谭学余
地 址 北京北河沿大街嵩祝院北巷 39 号,邮编 100009
电 话 (010)64027926 电子信箱 yjcbs@cnmip.com.cn
责任编辑 宋 良 王雪涛 美术编辑 杨 帆 版式设计 葛新霞
责任校对 郑 娟 责任印制 李玉山
ISBN 978-7-5024-6553-7
冶金工业出版社出版发行;各地新华书店经销;北京百善印刷厂印刷
2013 年 12 月第 1 版,2013 年 12 月第 1 次印刷
787mm×1092mm 1/16;7 印张;169 千字;98 页
18.00 元

冶金工业出版社投稿电话:(010)64027932 投稿信箱:tougao@cnmip.com.cn
冶金工业出版社发行部 电话:(010)64044283 传真:(010)64027893
冶金书店 地址:北京东四西大街 46 号(100010) 电话:(010)65289081(兼传真)
(本书如有印装质量问题,本社发行部负责退换)

序

2010 年 11 月 30 日我院被国家教育部、财政部确定为"国家示范性高等职业院校"骨干高职院校立项建设单位。在骨干院校建设工作中，学院以校企合作体制机制创新为突破口，建立与市场需求联动的专业优化调整机制，形成了适应自治区能源、冶金产业结构升级需要的专业结构体系，构建了以职业素质和职业能力培养为核心的课程体系，校企合作完成专业核心课程的开发和建设任务。

学院冶金技术专业是骨干院校建设项目之一，是中央财政支持的重点建设专业。学院与内蒙古大唐国际再生资源开发有限公司共建"高铝资源学院"，合作培养利用高铝粉煤灰的"铝冶金及加工"方向的高素质高级技能型专门人才；同时逐步形成了"校企共育，分向培养"的人才培养模式，带动了钢铁冶金、稀土冶金、材料成型等专业及其方向的建设。

冶金工业出版社集中出版的这套教材，是国家骨干高职院校建设"冶金技术"项目的成果之一。书目包括校企共同开发的"铝冶金及加工"方向的核心课程和改革课程，以及各专业方向的部分核心课程的工学结合教材。在教材编写过程中，面向职业岗位群任职要求，参照国家职业标准，引入相关企业生产案例，校企人员共同合作完成了课程开发和教材编写任务。我们希望这套教材的出版发行，对探索我国冶金职业教育改革的成功之路，对冶金行业高技能人才的培养，能够起到积极的推动作用。

这套教材的出版得到了国家骨干高职院校建设项目经费的资助，在此我们对教育部、财政部和内蒙古自治区教育厅、财政厅给予的资助和支持，对校企双方参与课程开发和教材编写的所有人员表示衷心的感谢！

内蒙古机电职业技术学院　院长　张美云

2013 年 10 月

前　言

本书为高等职业技术教育冶金类专业规划教材，是按照教育部高等职业技术教育高技术、高技能人才的培养目标和规格，依据内蒙古机电职业技术学院校企合作发展理事会冶金分会和冶金专业建设指导委员会审定的"项目工作——熔盐电解法生产多晶硅技术研发"课程标准，在总结近几年教学经验并征求相关企业工程技术人员意见的基础上编写而成的。

在职业院校学习领域，项目工作指的是学生在理论学习、研讨、实训之余，利用所学的知识与技能，从事一种研究或设计活动，最终体现为相关完成品。本项目工作来源于2011年在内蒙古自治区科技厅立项的技术研发项目，目标是研发一种流程短、成本低、设备简单、投资少而且产品品质高的生产太阳能级多晶硅的工业化生产方法。在学习国内外职业院校开展项目工作经验的基础上，本项目工作经过近3年的教学实践和反复检验、修正，终于趋于定型。

本书按照本项目工作研发的技术路线，即依次采用熔盐电解法制取铝硅合金、真空感应熔炼铝硅合金、定向凝固分离铝硅合金和提纯多晶硅的工艺环节设置了三个学习情境；设置学习情境一，使学生了解冶金法生产太阳能级多晶硅的机理与发展和本项目工作的技术思路和实施方法。本项目工作采用行动导向教学法，将知识与技能、过程与方法、情感态度与价值观的培养契合于设定的项目工作任务中，学生通过完成相应的学习任务和工作任务，进行冶金法生产太阳能级多晶硅的技术研发，以获得电解法生产多晶硅技术的研发能力和工艺操作技能。本项目理论基础和认识以实践为导向进行传授，赋以学生职业行动的能力，使学生了解企业开展研发项目工作的步骤和方法，并且能够有责任感地组织或参与实施研发项目工作任务。

本书由内蒙古机电职业技术学院石富、大唐内蒙古鄂尔多斯铝硅科技有限公司吴彦宁主编，陈炜、高岗强、贾锐军、丁亚茹等老师承担了部分项目工作指导和教材编写任务。在编写和审稿过程中，得到了多晶硅产业界和兄弟院校同仁的大力支持和热情帮助，得到了内蒙古机电职业技术学院领导和同事们的积极支持，在此一并表示衷心的感谢。

限于作者的水平，书中难免有疏漏之处，诚请读者批评指正。

编　者
2013年10月

目　录

学习情境 1　项目工作的技术研发思路与实施

学习目标

　　知道冶金法生产太阳能级多晶硅的机理与发展；能按照本项目工作的技术思路和实施方法开展工作。

学习任务 1.1　项目工作的技术思路

1.1.1　项目目标

　　本项目的研究目标为低成本太阳能级多晶硅材料的制备。

　　现今全球大部分能源消费来自石化能源，主要是石油和天然气。为了进一步减缓气候变化带来的负面影响，需要在未来十到二十年里实现从石化能源转向生物质能、太阳能、风能等可再生能源的过渡。联合国能源机构有关专家认为，到 2050 年，可以通过太阳能发电来满足四分之一的能源需求。从德国某研究小组的报告中看出，在 2050 年由太阳能发电来满足初级能源消费是可行的，而且除了太阳能，未来的能源供应来源并没有更好的选择。预计再生能源硅太阳能电池的发展，将以 20% ~ 30% 的速度发展 50 年。中国太阳能光电市场在过去十年以每年 40% 的复合增长率增长，随着成本的再下降及正在进行的技术创新，太阳能光电产业可能成为 21 世纪最大的产业之一。

　　太阳能是取之不竭的无污染绿色能源，硅系列太阳能电池是最主要的太阳能电池产品。在短短半个世纪里，太阳能电池已经完成了第一代晶体硅电池研究，正处于第二代薄膜电池研究高峰，并继续朝第三代高效率电池努力。从目前国际太阳能电池的发展过程可以看出，其发展趋势为单晶硅、多晶硅、带状硅、薄膜材料（包括微晶硅基薄膜、化合物基薄膜及染料薄膜）。从工业化发展来看，在所有安装的太阳能电池中，95% 以上是晶体硅太阳能电池，而且重心已由单晶向多晶方向发展，见图 1-1。大规模开发和利用光伏太阳能发电，提高电池的光电转换效率和降低生产成本，是其核心所在。

　　位于太阳能电池产业链前端的多晶硅锭的生产对整个太阳能电池产业有着很重要的作用。作为光伏发电产业重要的基础材料，多晶硅产品的市场需求增长迅猛（见图 1-2）。统计数据显示，2011 年我国晶体硅电池产能为 23GW，产量约为 16GW，按照产量核算，至少需要 16 万吨的多晶硅料。但国内的多晶硅产量到极限也就是 5.5 万吨左右，而国际

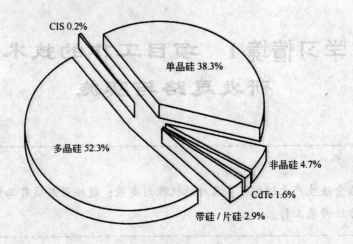

图1-1　太阳能电池的种类及所占比例

上多晶硅的年产量是6万~7万吨，其中还有一部分要给半导体厂商，供给存在约10万吨左右的缺口。在未来市场空间方面，三到五年的周期内，全球多晶硅的需求将增加到100万吨，是现在的十倍左右。因此，可以认为多晶硅不是简单的周期性行业，而是需求存在巨大空间的产业。目前需要做的工作是实现更大批量、更低耗能、更低成本的生产。

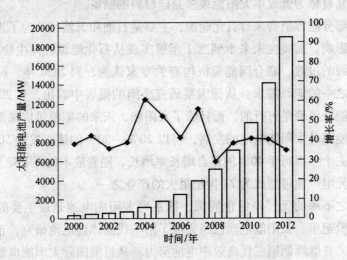

图1-2　世界太阳能电池产量及增长率

　　目前，太阳能级多晶硅的生产方法主要采用化学法，包括传统西门子法或改良西门子法，其产量占世界多晶硅总产量的90%以上。用于工业生产的西门子法是将工业硅用盐酸处理成硅烷类气体如三氯氢硅等，经过提纯后用高纯氢气还原，气相沉积得到高纯多晶硅。这些方法主要用于生产电子级多晶硅，经过拉单晶硅后剩余的锅底料和单晶硅的头、尾料用于生产太阳能级多晶硅，其产量远远不能满足光伏太阳能发电的发展需要。化学法生产多晶硅的投资资金和技术门槛都很高，生产成本高，安全性差，污染严重，而且多晶硅的生产技术一直由美、日、德、意等国的几家公司掌握，形成技术封锁、市场垄断。

1.1.2 冶金法提纯多晶硅的工艺发展

近年来，新一代低成本多晶硅工艺技术研究空前活跃。除了传统工艺西门子法、硅烷法（电子级和太阳能级兼容）及技术升级外，还涌现出了几种专门生产太阳能级多晶硅的新工艺技术，主要有：改良西门子法的低价格工艺；冶金法从工业硅中提取高纯度硅；熔融析出法；还原或热分解工艺；熔盐电解法等。

根据纯度的不同，多晶硅通常分为冶金级硅（工业硅）、太阳能级多晶硅（简称太阳级硅）与电子级多晶硅（简称电子级硅）。冶金级硅纯度为 97% ~ 99%（2N），太阳级硅的纯度要求是 99.9999%（6N）以上，相对于电子级硅的 99.9999999%（9 ~ 12N）要低。冶金法利用硅与其中杂质的物理或化学性质差异性使两者分离，从而达到由冶金级硅提纯至太阳级硅的目的。物理冶金提纯法工艺相对简单，能够在符合太阳能级硅材料的需求下开发大规模的生产技术。近 5 年来，冶金法在中国得到了长足的发展，涌现出一批企业和科研机构，如宁夏银星、福建佳科、河南讯天宇、内蒙古山晟等企业已经采用冶金法制备出纯度为 5N 以上的多晶硅，浙江大学、厦门大学、大连理工大学、昆明理工大学及部分科研院所也在不断进行冶金法的探索，并取得了令人瞩目的成果。

冶金法作为一种集成方法，是将冶金领域不同提纯方法中的几种结合起来，形成一种工艺路线，而通过该工艺过程将硅中的杂质元素去除，以满足太阳能级多晶硅的纯度要求。冶金集成法提纯硅的极限是 7N（99.99999%），现已达到 5N。

冶金法的技术路线主要围绕去除硅中的金属、硼及磷杂质展开。金属杂质，尤其是复合金属杂质对硅太阳能电池的少子寿命、电子迁移率等都有很大影响；硼（B）、磷（P）是太阳能电池的 P - N 节的构成元素，含量高会严重影响硅太阳能电池的性能。因硅中不同杂质的特点差异，其所去除的机理不同：

磷、铝、钙等的饱和蒸气压很高，可以利用饱和蒸气压机理将其去除。

金属杂质由于其在硅凝固过程中具有分凝现象，可利用偏析机理去除。

硼在硅中的化学、物理性质稳定，但其氧化物有很大的差异性，可以通过间接的氧化法去除。

根据以上的原理差异，可以衍生出很多不同的方法，有些杂质可用多种方法叠加去除。

1.1.2.1 饱和蒸气压机理及技术进展

在高温、高真空条件下，磷、铝、钙等元素的饱和蒸气压远远大于硅的饱和蒸气压，将向气相中富集，而使得硅熔体中的该类杂质元素的含量逐步降低。

A 真空熔炼

厦门大学在 0.1 ~ 0.035Pa 的真空度下，在 1773 ~ 1873K 的温度范围内真空感应熔炼 2h，将硅中的 P 杂质含量从 15×10^{-6} 减少到 0.08×10^{-6}，满足了太阳级硅对 P 杂质的含量要求（0.35×10^{-6}）。

B　电子束熔炼

电子束熔炼是在很高的真空度条件下，利用能量密度很高的电子束轰击材料表面，在碰撞过程中将动能转化为热能，强化所有气态生成物的冶金过程，使熔炼过程中的脱气、分解、挥发和脱氧过程充分进行，从而获得很好的提纯效果。

大连理工大学能够将硅中的 P 杂质含量去除到 0.35×10^{-6} 以下，同时 Al、Ca 的去除率也达到了 98%，满足太阳能级多晶硅的纯度及使用要求。

1.1.2.2　偏析机理及技术进展

合金在凝固过程中，由于溶质元素在固态和液态中的溶解度不同，会产生溶质的重新分布，重新分布的程度由平衡分凝系数 k_0 来决定。

A　定向凝固

硅中的金属杂质分凝系数远小于 1，因此在凝固过程中，通过控制温度场的变化，在固液界面处产生分凝效应，杂质元素偏聚在液相中，凝固结束以后，杂质富集于最后凝固的部分，将硅锭最后凝固的部分切除，即可得到高纯的多晶硅。对硅中的杂质来说，除 B、P、O、C 外，可通过两次定向凝固提纯到太阳能级多晶硅所要求的浓度范围。

B　酸洗

酸洗的依据是合金在凝固过程中，杂质元素聚集或偏聚于晶界、空隙处，将多晶硅粉碎并研磨，杂质将富集在硅粉的表面。由于硅具有强的抗酸性（除氢氟酸外），利用强酸将杂质溶解，从而达到将杂质与硅分离、去除的目的。

C　合金化

合金化除杂是基于分离结晶原理，将 Al、Cu 等金属与 Si 混合，在熔融状态下互溶形成低熔点的共熔物，凝固后的铸锭由 Si 和 Si – M（M 表示加入的金属元素）合金组成，在外场力作用下，硅和合金很好地分离，而原来硅中的杂质元素将偏聚于晶界处或者溶于合金之中，达到硅提纯的目的。

Y. Nishi 等人采用定向凝固技术，通过控制合适的温度梯度与冷却速度，成功地从 Si – Al 55.3% 的合金中分离出 Si，其中 Fe、Ti 的去除率均达到了 99.5% 以上，P、B 的去除效果也分别达到了 92.2% 与 88.4%，该方法能够将 Si 直接从 Si – Al 合金中分离出来，免去了之后的酸洗等步骤。

1.1.2.3　氧化性差异机理及技术进展

B 的饱和蒸气压远远低于 Si 的饱和蒸气压，因此，利用真空熔炼或电子束熔炼手段无法将 B 去除。氧化性物质可使 B 转化为蒸气压较大的氧化性气体而去除。加入氧化性物质，由于 B 在所添加氧化物质体系中的分配系数远大于在 Si 中的分配系数，从而实现 B 的有效分离，达到提纯多晶硅的目的。

A　等离子体精炼

等离子熔炼是利用辉光放电产生的等离子体中的活性粒子与高温下 Si 熔体中的 B 发生气 – 固反应，生成易于挥发的 B 的氧化物或者氢氧化物，从而有效去除 B 杂质的一种方法。在等离子状态下，向真空炉内通入氧化性气体（H_2、O_2 混合气体或 H_2O），氧化性气氛将提供活性极强的 O 原子，可将 B 氧化成强挥发性的气体而去除。温度高于大约 1623K 时，B 易被氧化为 B_2O_2、B_2O、BO 和 BO_2 气体，利用等离子体氧化精炼，硼浓度可减少到 0.1×10^{-6}。

B　造渣

在熔融硅中加入造渣剂，与硅中的某些不易挥发的杂质元素发生化学反应，形成不挥发的第二相上浮或者下沉到硅熔体的底部，凝固后第二相与硅晶体分开，而杂质元素富集于渣相中，达到多晶硅除杂的效果。利用造渣精炼，可有效去除多晶硅中难以利用真空熔炼和定向凝固去除的 B 杂质。但是，采用造渣法提纯多晶硅过程中，既要以与硅中的杂质元素形成第二相，而且在此过程中又不能引入新的杂质元素，因此如何选择合适的造渣剂成为重点。从目前的研究及实际生产情况来看，通过一次造渣的方式很难将冶金硅中的 B 含量降低到太阳能级硅所要求的含量水平，工业生产中一般利用二次造渣来进一步去除 Si 中的 B，以达到太阳能级硅的要求。如何选择合适的渣系、合理的碱度、渣硅比、温度、搅拌程度、反应界面等，以实现一次造渣的目的，仍需进一步研究。

目前，冶金法作为一种集成的材料制备方法，其各个环节存在独立性，在今后的发展过程中，将逐渐走向连续化、规模化，实现大冶金，即从原料到成品材料的全液态传输，并在液态中完成提纯过程。大冶金技术将大大降低生产过程中的总能量消耗，成倍地提高生产效率，同时总体生产成本也会在此基础上实现大幅度降低，真正实现硅材料的大规模、低成本化制造。

1.1.3　本项目工作的技术路线

与化学法相比，冶金法提纯工业硅具有工艺流程相对简单、能耗低、污染小等优点，但目前所得产品达不到西门子法所生产的太阳能级多晶硅的品质。冶金法主要围绕工业硅中的金属、硼及磷等杂质的去除展开，通常需要结合多种处理技术实现工业硅的提纯，这些技术包括定向凝固、真空电子束熔炼、等离子束熔炼、真空熔炼、造渣精炼、湿法酸洗、合金化分凝等（CN101122047A；CN87104483；CN1890177A；CN102534666A；CN102373351A；ZL98105942.2 和 ZL96198989.0）。其中，定向凝固和真空熔炼技术是较为成熟的提纯技术，通过定向凝固可实现工业硅中大部分杂质的去除，但对杂质硼和磷的去除效果不明显；而由于磷的饱和蒸气压较高，通过真空熔炼可实现杂质磷的去除。这样，冶金法提纯工业硅的关键便在于杂质硼的去除。针对杂质硼的去除，人们采取了等离子束氧化精炼、造渣精炼、合金化分凝等多种技术。等离子束氧化精炼能够有效去除杂质硼，但设备复杂、条件苛刻，目前仅局限于小规模试验；造渣精炼难以使硅中的杂质硼含量达标，且废渣量大，环境问题突出；合金化分凝法采用合金化金属与工业硅共熔，使杂质硼进入合金化金属，冷却后分离硅与合金化金属或通过酸洗去除合金化元素和杂质，存在合金使用量大、能耗大等问题，而且提纯工业硅时杂质硼含量仍不能达标。

为了克服现有太阳能级多晶硅生产方法的不足，本书提出一种流程短、成本低、设备简单、投资少而且产品品质高的生产太阳能级多晶硅的工业化生产方法。该方法依次采用熔盐电解法制取铝硅合金，定向凝固分离铝硅合金，得到高纯硅和共晶铝硅产品；在真空定向凝固炉内真空蒸馏高纯硅除杂，然后定向凝固铸锭除杂，从而获得质量百分比纯度为 99.9999%（6N）的太阳能级多晶硅，更加适合于加工太阳能电池。本项目于 2011 年在内蒙古自治区科技厅立项进行技术研发，目标在于建立有别于西门子法、拥有自主知识产权的太阳能级硅材料熔盐电解法低成本制备新技术。

本项目是一种从天然二氧化硅原料中提取太阳能级多晶硅的工业化生产方法，该工业化生产采用下列工艺步骤：

（1）共析法熔盐电解制备铝硅合金。在电解槽内放入工业冰晶石作电解质，通入交流电产生电弧提供热量，待冰晶石熔化及温度达到 950 ~ 1000℃ 时，电解槽底部放入电解铝锭并使其熔化作打底金属或液态阴极，然后更换为通入直流电进行预电解。预电解 2 ~ 4h 后，调整电压、电流，并开始加料，转入正常电解。电解阴极电流密度 $1 ~ 4A/cm^2$，阳极电流密度 $1A/cm^2$，槽电压 4 ~ 12V，电解连续进行，每 4 ~ 16h 出一次铝硅合金。铝硅合金中硅含量 30% ~ 50%，余量为铝。

电解原料使用粉末状二氧化硅和工业氧化铝。二氧化硅采自硅石矿，采出后破碎至 -0.075mm 使用，纯度为 99.0% ~ 99.5%。二氧化硅和工业氧化铝加入配备为 1 : 1.5，在电解质中浓度为 5% ~ 10%。

（2）定向凝固分离铝硅。将步骤（1）制得的铝硅合金加入到定向凝固炉中，在常压下加热至熔化，升温至 900 ~ 1000℃ 保温 3 ~ 5min；然后进行定向凝固，凝固速率 5 ~ 10μm/s，优先析出的固相硅沉积到下部，最后析出的铝硅合金在上部，形成一个界面。在所得的凝固锭沿硅和铝硅合金的界面处进行切割分离，得到高纯硅和高纯铝硅合金两种产品。

获得的高纯硅纯度大于 99.99%，硼含量小于 0.1×10^{-6}；高纯铝硅合金中硅的含量在 11% ~ 13% 之间，余量为铝，铝硅合金成分符合国家牌号标准。

（3）真空蒸馏和定向凝固高纯硅。将步骤（2）制得的高纯硅放入真空感应定向凝固炉内，在 0.035 ~ 0.1Pa 的真空度下，在 1773 ~ 1873K 的温度范围内真空感应熔炼 2h，蒸馏去除硅中的磷、铝、钙等杂质；随后在凝固过程中，控制凝固速率为 5 ~ 10μm/s，在固液界面处产生分凝效应，杂质元素偏聚在液相中，凝固结束以后，杂质富集在最后凝固的部分，将硅锭最后凝固的部分切除，即可得到高纯的多晶硅。

获得的高纯多晶硅的磷含量减少到 0.08×10^{-6}，硼含量小于 0.1×10^{-6}，硅纯度达到 99.99995% 以上，满足了太阳能级硅对杂质的含量要求（小于 0.5×10^{-6}）。

与现有的制备高纯多晶硅的方法相比，本项目发明具有以下优点和积极效果：

用电解法制取铝硅合金作为提纯硅原料，代替工业硅作为提纯硅原料的优势在于：工业硅是在矿热炉内用碳质还原剂还原二氧化硅得到的，由生物体转化来的碳质还原剂所含的硼、磷元素丰富且在冶炼过程中大部分都进入工业硅，用冶金法很难去除至达标；而本项目的电解原料使用硅石粉，硅石粉中的硼、磷元素含量低，从源头上控制了硼、磷元素进入电解铝硅合金产品。该产品再经过定向凝固分离铝硅，利用合金化分凝效应使硼、铁等杂质偏析于铝中，从而得到杂质硼含量符合要求的高纯硅，克服了冶金法难以去除硅中杂质硼的难题。

共析法电解铝硅合金采用 Na_3AlF_6 电解质，加入固态 SiO_2 和 Al_2O_3 粉末熔融后电解，该法可利用成熟的铝电解设备和技术，便于实现工业化生产。定向凝固分离铝硅合金后，同时得到高纯硅和高纯铝硅合金两种产品。高纯硅的制取能耗与工业硅相当，而且其纯度较工业硅提高 2 个数量级，杂质硼含量达标；高纯铝硅合金的制取能耗与电解铝相当，并且省去了目前用电解铝和工业硅熔兑铝硅合金的工序，简化了硅、铝生产链的工艺流程，省去了大量的工艺步骤，能源消耗大为降低。

将真空熔炼除杂和定向凝固铸锭合并在一个工序和一台设备中完成，简化了多晶硅提纯工艺流程，避免了对材料的多次加热，既节省能耗，也减少了杂质的引入途径。

学习任务 1.2　项目工作的组织与实施方法

1.2.1　课程定位与设计思路

1.2.1.1　课程性质与作用

课程的性质。本课程是冶金技术专业的专业实践课程，是校企合作开发的基于工作过程的课程。在职业院校学习领域，项目工作指的是：学生在理论学习、研讨、实训之余，利用所学的知识与技能，从事一种研究或设计活动，最终体现成相关完成品。本课程在学习专业基础课和专业课的基础上，开展冶金法生产太阳能级多晶硅的技术研发工作。

课程的作用。在冶金企业进行技术改造和工艺研究是经常性的工作，尤其本专业为利用粉煤灰的冶金企业培养人才，这类企业处于技术创新的工业化阶段，要求毕业生具有技术创新和研发能力。本课程在学生完成项目工作过程中，加深学生掌握学习的成果，培养学生创新和研发能力，促使学生养成交流沟通、团队合作、爱岗敬业及自我构建知识结构等素质和能力。本课程支持本专业的人才培养目标。

本课程在完成技术基础课和部分专业核心课程的学习后开设。

1.2.1.2　课程设计思路

本课程采用行动导向教学法，设置与本专业职业行动范畴密切相关的电解铝硅合金、铝硅分离、定向凝固铸锭、提纯等工作任务。学生通过完成相应的项目工作任务，进行冶金法生产太阳能级多晶硅的技术研发，本课程以理论基础和认识实践为导向进行传授，赋予学生职业行动的能力。

在工作过程中，学生每 4~6 人组成一个学习小组，通过完成工作任务的行动来学习；教师是教学的组织者和帮助者，在学生完成工作任务的过程中进行技能的指导和相关知识的讲解。

本项目工作计划 68 学时完成，其中教师讲解相关知识 18 学时，学生操作、研讨等 50 学时。学习成绩以学生互评为主，占总成绩的 80%；理论考核采用闭卷考试，占总成绩的 20%。

1.2.2　课程目标

本课程将知识与技能、过程与方法、情感态度与价值观的培养契合于设定的项目工作任务中。学生通过完成具体的工作任务，获得电解法生产多晶硅技术的研发能力和工艺操作技能；知道企业开展研发项目工作的步骤和方法，能够有责任感地组织或参与实施研发项目工作任务。

具体目标描述如下：

（1）冶金法生产太阳能级多晶硅的机理与发展，本项目工作的技术思路。

（2）根据电解工艺理论基础，能编制电解操作步骤，选择所需的工具、材料、半成品和辅助材料，确定并计算出必要的工艺参数和数据。

（3）能利用电解槽拼装图，为砌筑和安装电解槽做好工具、材料准备并实施。

（4）根据真空感应熔炼铝硅合金原理和真空感应炉知识，能制定铝硅合金熔炼的工艺制度，会操作真空感应炉进行铝硅合金熔炼。

（5）根据偏析法提纯机理，制定定向凝固分离铝硅合金的工艺制度，会操作定向凝固炉分离铝硅合金并提纯硅。

（6）能判断及排除冶炼过程中常见故障，能选择合适的测量工具、仪器，进行正确地使用；能编制相应的检测报告和修改工作计划；能记录工作结果并予以介绍。

（7）能遵守劳动和环境保护的有关规定；具备吃苦耐劳、踏实肯干、科学严谨、沟通与表达、团队合作等精神。

1.2.3　课程内容与要求

学习情境	学习目标（职业能力）	学 习 内 容	教学建议与说明	参考学时 68（+60）
学习情境1　项目工作的技术研发思路与实施	知道冶金法生产太阳能级多晶硅的机理与发展；能按照本项目工作的技术思路和实施方法开展工作	学习任务 1.1 项目工作的技术思路	讲授、讨论	2
		学习任务 1.2 项目工作的组织与实施方法	讲　授	2
学习情境2　熔盐电解铝硅合金	根据电解工艺理论和电解槽结构参数等知识，为砌筑和安装电解槽做好工具、材料准备并实施；能编制电解操作步骤，选择所需的工具、材料，确定并计算出必要的工艺参数和数据，进行电解铝硅合金操作，能判断及排除电解过程中常见故障	学习任务 2.1 熔盐电解原理	讲　授	2
		工作任务 2.1 熔盐电解设备的认识及安装	实训室操作 画出电解槽剖面图、砌筑和安装电解槽	6

续表

学习情境	学习目标（职业能力）	学习内容	教学建议与说明	参考学时 68（+60）
学习情境2　熔盐电解铝硅合金	根据电解工艺理论和电解槽结构参数等知识，为砌筑和安装电解槽做好工具、材料准备并实施；能编制电解操作步骤，选择所需的工具、材料，确定并计算出必要的工艺参数和数据，进行电解铝硅合金操作，能判断及排除电解过程中常见故障	工作任务2.2 熔盐电解铝硅合金	虚拟完成或实际完成熔盐电解铝硅合金工作过程	6（+60）
		工作任务2.3 熔盐电解铝硅合金热平衡计算	进行熔盐电解铝硅合金热平衡计算	4
学习情境3　铝硅合金熔炼	利用铝硅合金相图，制定铝硅合金熔炼的工艺制度，会操作真空感应炉进行铝硅合金熔炼及硅的精炼，能判断及排除冶炼过程中常见故障	学习任务3.1 真空感应熔炼原理	讲授	2
		学习任务3.2 真空感应炉认知	现场教学 画出真空感应炉水冷系统图	4
		工作任务3.1 真空感应熔炼铝硅合金	完成感应炉熔炼铝硅合金工作过程	8
		工作任务3.2 真空感应精炼多晶硅	完成真空感应炉精炼硅工作过程	8
学习情境4　定向凝固分离铝硅和提纯硅	根据定向凝固原理，制定定向凝固分离铝硅合金的工艺制度，会操作定向凝固炉分离铝硅合金并提纯硅，能判断及排除冶炼过程中常见故障	学习任务4.1 定向凝固原理	讲授	4
		学习任务4.2 多晶硅定向凝固方法	现场教学 画出定向凝固炉坩埚升降传动系统图及相关参数计算	4
		工作任务4.1 定向凝固分离铝硅	完成定向凝固分离铝硅工作过程	8
		工作任务4.2 定向凝固提纯多晶硅	完成定向凝固提纯硅工作过程	8

1.2.4　课程实施说明

1.2.4.1　教学的组织与方法

本项目工作以开发电解法生产太阳能级多晶硅技术为研究目标，学生以学习小组形式在完成工作任务的过程中学习；教师给予学生操作技能指导和自控能力的促进，并讲解相关知识。本项目工作的内容按照研发目标的技术思路，分为 7 个学习任务和 7 个工作任务。

在 7 个学习任务中，有 4 个（1.1、2.1、3.1、4.1）为专业相关理论知识，计 10 学时，由教师适时在教室讲授；3 个（1.2、3.2、4.2）为工作方法和设备认知，计 10 学时，由教师在实训室讲解，学生进行操作及完成作业，如画出电解槽剖面图、真空感应炉水冷系统图、真空定向凝固炉坩埚升降传动系统图等，并进行相关参数计算。

7 个工作任务由学生分成学习小组实施完成，计 48 学时。行动必须尽可能地由学生独立地计划、实施、检查与修改和评价，学生在完成工作任务的过程寻求教师的帮助和指导。

工作任务 2.1 砌筑和安装电解槽和 2.3 熔盐电解铝硅合金热平衡计算由全体学生完成，分学习小组制订计划和检查、评价。工作任务 2.2 熔盐电解铝硅合金为虚拟工作，由学习小组制订工作计划，选择工具、原辅材料，在思想上能够理解实现，教师给出虚拟实施结果，学习小组进行检查和完成评价报告。由于电解槽启动后至少需连续运转 1 周以上才能得到一定数量的产成品，建议另外安排 2 周实训，进行电解铝硅合金生产。

工作任务 3.1 和 3.2 真空感应熔炼铝硅合金和精炼多晶硅，每个学习小组至少完成 1 个铝硅合金熔炼锭和 1 个多晶硅精炼锭的生产。

工作任务 4.1 和 4.2 定向凝固分离铝硅和提纯多晶硅，由于定向凝固过程至少在 20 小时以上，故由全体学生完成 1 个铝硅分离锭和 1 个硅提纯锭的生产。

虽然工作任务由学习小组的 4~6 个学生共同完成，但每个学生都必须撰写工作报告。报告中记载咨询信息、工作计划、实施过程、检查与修改、评估等内容。

1.2.4.2　教学实施的师资要求

正高职称教师 1 人和中级以上技工 1 人。

1.2.4.3　实训设备配置要求

（1）电解车间及 6000kA 电解槽系统，操作工具、原辅材料等；

（2）真空感应熔炼车间及 25kg 真空感应炉系统，操作工具、原辅材料等；

（3）真空感应熔炼车间及 25kg 真空定向凝固炉系统，操作工具、原辅材料等。

1.2.4.4　教学材料的编写与选择

教学材料的编写应突出学生的学习主体地位，有利于培养学生的"自主、合作、探究"的学习方式。编写讲义的要求是能够按照本课程标准设计好的系列实践活动来进行训练，使学生运用所学知识能解决同类任务，以增加技能的熟练程度或增加新能力。讲义中还包含工作计划、工具与材料工单、实施步骤、工作报告等模板。

教学材料的另一重要来源，由互联网查询与"冶金法生产太阳能级多晶硅"相关的论文、专利、信息等。

按本课程标准编写活页讲义发至学生，指导完成工作任务；待项目取得研究成果后出版规划教材。

1.2.4.5　教学评价

教学评价包括对学生学业成绩的评价，对教师教学质量的评价和进行课程评价。

对学生学业成绩的评价着重放在考核学生的能力与素质上。一是每次操作或研讨后，各学习小组组长组织自评和互评，根据学生的情感反应、参与态度、交流合作、在实践操作中学习的状况以及完成工作任务的贡献给每个组员评分。评分采用相对评价法，排出名次、比较优劣、评出成绩，以便于学生在相互比较中判断自己的位置，激发竞争意识；二是考核学生利用所学理论知识进行分析问题、解决问题的能力，通过提交工作计划、工作报告或口试等方式进行；三是笔试，考查学生对于本课程所讲授理论知识的记忆、理解和应用程度。三部分成绩占比分别为 60%、20% 和 20%。

对教师教学质量的评价主要看学生完成职业能力训练项目、实现课程能力目标的实际状况和教师进行职业活动调研、职业能力需求分析、教学设计及实施、专业技能操作和指导学生操作等方面的能力。评价方法大致应包括教学文件评审、日常督导、督导组听评课、学生评教、现场"讲说课"等几个基本方面。

课程评价的目的是要形成课程有效的评价机制，注重课后的意见反馈，形成一个闭环的系统。要求在本课程教学过程中，严格按照学院教学质量监控实施办法，结合督导组、学生信息员的反馈信息，及时调整教学内容和方法。本课程教学工作结束后，任课教师应当综合课堂教学日志、教学检查、学生评教和成绩分析对教学效果进行评价，提交课程教学工作总结。本课程标准由教研室组织校内外专家定期进行评价，通过对课程标准实施过程中的问题和需求进行研究和分析，对课程标准进行课程教学评价，包括课程教学设计评阶和课程教学效率效果评价，两者形成一个紧密联系的评价体系。

1.2.5　相关说明

本课程资源已如课程实施建议所述，包括校内实训车间、设备、师资、讲义等基本要求。可稽开发与利用的校外课程资源主要有网络资源和多晶硅生产企业。随着太阳能利用的迅猛发展，国内外展开了冶金法生产多晶硅研究的热潮，在网络上可查询到海量的多晶硅生产方法信息。此外，可去多晶硅生产企业参观、考察多晶硅定向凝固设备及生产方法。

附 录

评分标准

班级：_____ 组号：_____ 姓名：_____ 学号：_____ 成绩：_____

项目分类	考核分类	配分	评分标准	考核方式	按任务书编号计分				
					1.1	1.2			
学习态度和职业素养	考勤与着装	5	不迟到、不早退、着装整齐	自评 + 互评					
	课堂纪律与劳动态度	5	遵守课堂纪律、劳动态度端正	自评 + 互评					
	职业行为	10	符合 "5S" 管理规定	自评 + 互评					
	准备工作	5	工具、设备准备齐全	自评 + 互评					
	现场情况	5	整齐、清洁	自评 + 互评					
技能考核	操作技能	10	操作熟练、按时完成任务	自评 + 互评					
	工作态度	5	态度端正	教师评价					
	团队协作	5	相互协作	互评					
安全操作与安全意识	安全操作	5	遵守电力系统操作规程	教师评价					
	事故预案措施	5	合理有效的事故预案措施	教师评价 + 互评					
理论知识考核	工作报告	20	完成很好，理解掌握	教师评价					
	理论测试	20	完成很好，理解掌握	教师评价					
扣分合计									

组长评分表（第　　　组）

组长姓名：_____　　　　　　　　　　　　　　　　　　　　日期

组　别	姓　名	半天的工作内容，组长分配工作任务（请填写参与度%）									组长评分
第 组											
	总　　　和										分

"组员得分"汇总表

组　别	姓　名	月　日		月　日		月　日		总　分
		组长评分	老师加分	组长评分	老师加分	组长评分	老师加分	
第一组								
第二组								

学习情境 2 熔盐电解铝硅合金

学习目标

　　根据电解工艺理论和电解槽结构参数等知识，能利用电解槽拼装图，为砌筑和安装电解槽做好工具、材料准备并实施；能编制电解操作步骤，选择所需的工具、材料、半成品和辅助材料，确定并计算出必要的工艺参数和数据，进行电解铝硅合金操作，能判断及排除电解过程中常见故障。

学习任务 2.1 熔盐电解原理

2.1.1 熔盐电解的概念

　　熔盐或称熔融盐，是盐的熔融态液体。形成熔融态的无机盐在固态大部分为离子晶体，在高温下熔化后形成离子熔盐。熔融盐有不同于水溶液的许多性质，在工业中有许多用途，如用于金属电解，核工业燃料溶剂和传热介质，材料电镀、制取合金、合成超硬材料，燃料电池 MCFC，石油精炼、有机物分解、高温催化剂等。

　　金属熔盐电解是在电解槽内直流电场的作用下，熔融盐中的金属离子向阴极迁移获得电子，从而还原成金属的生产方法。熔盐电解示意图见图 2-1。

$$MeO + C \Longrightarrow Me + CO \ (CO_2)$$

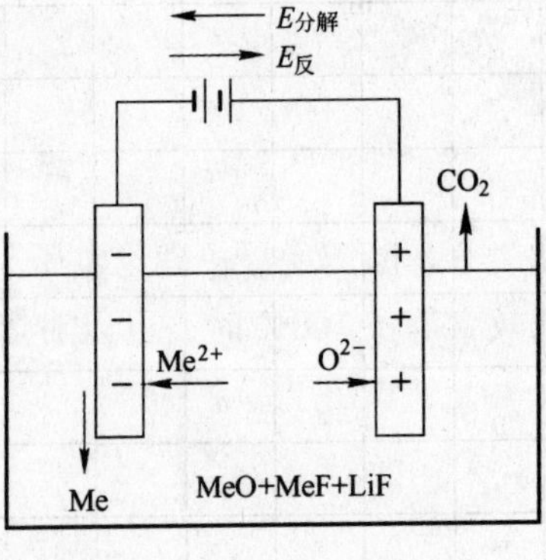

图 2-1 熔盐电解示意图

　　熔盐电解法提取硅并不是近年才开始的。早在 1854 年，法国化学家德维尔（Deville）就采用熔盐电解法制取了纯硅。20 世纪 80 年代，挪威 K. Griotheun 从冰晶石熔体中电沉积工业硅，电解质组成（质量分数）为 Na_3AlF_6 90% + Al_2O_3 5% + SiO_2 5%，电解温度 1020℃，实验中以石墨坩埚作阳极，以不锈钢、镍合金衬底为阴极，分别采用不同的电流密度都得到光亮的结晶硅镀层。D. Elwell 研究了 CaF_2 – NaF、KF – BaF_2、KF – MgF_2 系中电解 SiO_2 制取结晶硅的情况，采用石墨或玻璃化碳作阳极，阴极采用两个板式电极，电解温度为 1050℃，分解电压 1.02V，在阴极上得到直径为 $30 \sim 50\mu m$ 的硅粒。

2003 年，日本京都大学伊藤靖彦教授在《自然材料》杂志上发表了利用熔盐电解法低温制备硅的工艺，该研究分别在 $CaCl_2$ 和 KCl – $LiCl$ – $CaCl_2$ 熔融盐体系中，电解温度分别为 850℃ 和 500℃，实现了固体二氧化硅的 "原位还原"，并获得了少量的硅产品，尽管硅锭纯度只有 99.8%，但是硼和磷的含量极少。重庆大学廖勇等人以及北京有色金属研究总院杨娟玉等人也进行过相似的研究。

中南大学 2007 – 11 – 14 公开的发明专利（CN101070598），采用 "熔盐电解—三层液精炼—真空蒸馏" 工艺制取太阳能级多晶硅材料。该方法先以 SiO_2 或其他含硅化合物为原料，采用熔盐电解技术制取含硅合金 Si – M1；以获得的含硅合金 Si – M1 为阳极，高纯金属 M2 为阴极，采用三层液熔盐电解精炼技术，制备高纯含硅合金 Si – M2；最后采用真空蒸馏技术，由高纯含硅合金 Si – M2 制取太阳能级多晶硅材料。

北京航空航天大学 2009 – 11 – 11 公开的发明专利（CN101575733），顺次采用熔盐电解制取铝硅合金—电磁感应熔炼提纯—分步结晶提纯—真空蒸馏提纯的组合方法，使得制得的太阳能级多晶硅的质量百分比纯度为 6 ~ 7N。

本项目采用的熔盐电解技术不同于以上各种方法。与 "原位还原" 电解法比较，不需制备纳米级二氧化硅压块；与两项电解制取铝硅合金的专利技术比较，本项目直接电解制取铝硅合金，电解槽结构简单，便于实现工业化生产。

2.1.2 金属的电极电位和分解电压

金属插入熔盐中，在金属和熔盐的界面产生一定的电位差，称为电极电位。在水溶液中经常用标准氢电极作为参比电极，测量待测电极与氢电极之间的电位差。在熔融盐中常用 Cl_2/Cl^- 电极、Ag/Ag^+ 电极和 Pt/Pt^{2+} 电极作为参比电极，这类参比电极电位值可以互换。

由于实验上的困难，金属的电极电位主要是根据热力学函数计算的理论分解电压来编制的。分解电压是使一定电解质分解所需的最小理论电压。由物理化学原理可知，在没有极化和去极化作用，并且电流效率等于 100% 时，可以对熔融盐的分解电压理论值进行计算。这个数值等于由析出于电极上的两种物质所组成的可逆电池的电动势。因此，化合物的理论分解电压数值可以从该化合物的标准生成自由能变化 $\Delta G^{\ominus}$ 计算出来，即

$$\Delta G^{\ominus} = -nE^0 \cdot F \quad \text{或} \quad E^0 = -\Delta G^{\ominus}/(nF)$$

例如，在铝电解温度下，Al_2O_3 的分解电压：

$$2Al(l) + 3/2O_2(g) =\!=\!= Al_2O_3(s), \Delta G^{\ominus} = -1692130 + 331.44T = -1286780(1223K)$$

$$E^0 = \frac{1287680}{2 \times 3 \times 96485} = 2.22V$$

部分氧化物理论分解电压见表 2 - 1。

表 2 - 1　部分氧化物理论分解电压

金属离子	1000℃	1500℃	金属离子	1000℃	1500℃
Mn^{2+}	1. 515	1. 305	Mg^{2+}	2. 366	1. 905
Ca^{2+}	2. 626	2. 354	Li^+	1. 489	1. 689
La^{3+}	2. 550	2. 317	Ba^{2+}	2. 224	2. 021
Fe^{3+}	0. 855	0. 645	Al^{3+}	2. 188	1. 909

析出电位与分解电压不同，它只是指在熔融盐中某一离子或离子簇在不同电极材料上析出时的电位值。各种金属离子在熔融盐中的析出电位即电极电位，按照其分解电压与参比电极电位的差值排列，以 Cl_2/Cl^- 电极为参比电极计算得到的金属离子析出电位均为负值。按析出电位的大小可判断各种离子的放电次序即电化序。

在水溶液中，各种离子电化序是根据标准电压值排列而成，熔盐中的电化序则是以分解电压值为基础建立起来的。熔盐本身阴离子的性质，以及作为"溶剂"的熔融介质的性质都会对电化序中各金属的相对位置产生影响，故在不同的熔盐中电化序是不同的。

2.1.3　熔盐电解的电极过程

2.1.3.1　电化学装置的可逆性

在一个实际的电化学装置中，除了总有一定的电流流过电极之外，阴极和阳极还有一定的距离，甚至两极有时还要隔离。因此，当电流通过电解质时，在电解质上将产生一定的电位降。对于电池来说，将使工作电压变小，即 $V_e = |E| - IR$。而对电解槽来说，这种作用将使电解时所消耗的能量增加，即 $V_e = |E| + IR$。

由此可见，当有较大电流通过电化学装置时，由于有欧姆电位降存在，整个电化学装置所进行的过程是不可逆的。

2.1.3.2　电极的极化

当有明显的电流通过电极时，阴极电位总是比平衡电位更低，而阳极电位总是比平衡电位更高，这种电极电位偏离平衡电位的现象称为极化。对于阴极，称为阴极极化；对于阳极，则称为阳极极化（见图 2 - 2）。而电极电位偏离平衡电位的数值称为超电压或过电位。无论是阴极还是阳极，习惯上，人们把超电压总是表示为正值。所以，对于阳极：$\eta_a = E - E^0 = \Delta E > 0$；对于阴极：$\eta_c = E^0 - E = \Delta E > 0$。式中 η_a、η_c 分别为阳极极化和阴极极化过电位，E^0 为平衡时电极电位。

对于电极反应 $Me^{n+} + ne \rightarrow Me$，其反应速度也像其他化学反应速度一样，以单位时间内发生的物质量来表示：$v = dm/dt (mol/s)$。在电解过程中，电极产物变化的量正比于电

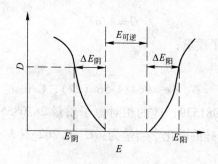

图 2-2 极化曲线

荷变化量，而单位时间内通过的电量就是电流 $I = dQ/dt$。由法拉第定律可知，$Q/nF = m$，因此 $v = I/nF$。

由于电极反应只发生在电极–电解质溶液界面上，故反应速度与界面面积有关，即 v（$mol/(s \cdot cm^2)$）为：

$$v = I/nFA = i/nF$$

式中，i 为电流密度，A/cm^2；由于 nF 为常数，所以电流密度 i 与反应速度 v 成正比。在电化学中，经常测量的物理量是通过电极的电流，故常以电流密度的大小来表示反应速度的快慢。

2.1.3.3 熔盐电解的槽电压

在电解槽中，当有一定电流通过时，槽电压（V）表示为：

$$V = E^0 + \eta_a + \eta_c + IR + \eta_b$$

式中　E^0——平衡时电极电位或理论分解电压，V；

　　　η_a——阳极超电压，V；

　　　η_c——阴极超电压，V；

　　　IR——电解质上的电位降，V；

　　　η_b——去极化电位，V。

在电解槽中，与外电源正极相连的是阳极，进行氧化反应；与外电源负极相连的为阴极，进行还原反应。当未通电时，如果插入电解质中的是相同的材料制作的电极，则两极之间的电位差近于零；如果插入的两根电极是由不同的材料组成，则其间将有一定的电位差，当 $I = 0$ 时，其电位差 $E^\ominus$ 为理论分解电压，如 Al_2O_3 在 1000℃时为 2.118V。

当外加电压大于此电动势时，电解槽中有电流流过，导致阳极电极电位向正方向移动，阴极电极电位向负的方向移动，电极平衡状态被破坏而产生电解。外加的槽电压越高则流过电极的电流越大，反应速度越快。

2.1.4 熔盐电解的电流效率

2.1.4.1 电化学当量

电化学当量是指电解时理论上每安培小时所能析出的金属质量：

$$C = A/nF$$

式中　A——元素的相对原子质量;

　　　n——元素的原子价;

　　　F——法拉第常数,$F = N_A \cdot e = 96484.56$ (27),C/mol。

铝的相对原子质量 26.981539,硅的相对原子质量 28.0855,因此:铝的电化学当量为:$C = 0.3357$ g/(A·h);硅的电化学当量为:$C = 0.262$ g/(A·h)。

2.1.4.2　电流效率

根据法拉第定律,直流电解时,电极上析出的物质量与电流、电流通过电解槽的时间及电化学当量成正比:

$$G = CIt$$

式中　G——在电极上析出的物质量,g;

　　　I——电流,A;

　　　t——电解时间,h;

　　　C——电化学当量,g/(A·h)。

在电解过程中,伴有二次反应和副反应,因此在电极上析出的金属量比理论量少。用一定的电量,实际上在电极上析出的金属量 Q 和根据法拉第定律计算出的理论析出量 G 的比值称为电流效率:

$$\eta = (Q/CIt) \times 100\%$$

电流效率是电解生产的一项重要技术经济指标,熔盐电解的电流效率一般在 30% ~ 90%。在生产实际中,电解得到的金属量比理论量少得多,即电流效率比较低,这主要有以下两方面的原因:

(1) 电解电流没有全部用来产生金属,主要是由于不完全放电,反复的氧化还原反应,非电解元素的析出;电子导电,电解槽漏电等。

(2) 电解过程中沉积的金属发生化学反应或物理的二次作用损失,主要有金属的溶解;金属和熔盐的置换反应;金属与电解槽炉衬材料、石墨电极、空气等发生相互作用。

2.1.4.3　电能效率

熔盐电解过程中除要求有较高的电流效率外,还有许多其他指标,如要求生产率高、电能消耗低、金属回收率高和质量高等。这些指标是互相关联的,某些因素既影响电流效率,又影响其他指标。因此,在控制电解条件提高电流效率时,还应充分估计到对其他指标的影响。

熔盐电解电能消耗的高低常用电能效率来评价,有时称为电耗率。通常用生产 1kg 产物所需的功率来表示电能效率,其单位是 kW·h/kg。

$$\eta_{电} = W/Q = VIt/CIt\eta = V/C\eta$$

电解铝的电能效率为 $\eta_{电} = 2.979V/\eta$;

电解硅的电能效率为 $\eta_{\text{电}} = 3.817V/\eta$。

当 V 及 η 相同时，每生产 1kg 硅比生产 1kg 铝要多耗 28% 的能量。

2.1.5　熔盐电解铝硅合金体系

2.1.5.1　铝硅合金相图及熔盐体系

熔盐电解采用的熔盐电解质体系，取决于金属及氧化物和卤化物的热化学性质。这些性质从本质上决定了金属熔盐电解的电化学特性，是决定熔盐电解各项技术经济指标的内因。在制定熔盐电解生产金属或合金产品结构方案时，除了依据产品需要外，首先要了解合金的相图和熔点等数据，以判断熔盐电解法的可行性；然后参照氯化物、氟化物及各种混合盐的熔点、沸点等性质，决定采用哪类稀土熔盐。

铝硅合金相图如图 2 - 3 所示，若电解制备约 50% Si 的铝硅合金，其液相线温度在 1050 ~ 1100℃ 范围内，因此，电解温度控制在 1100℃ 为宜。

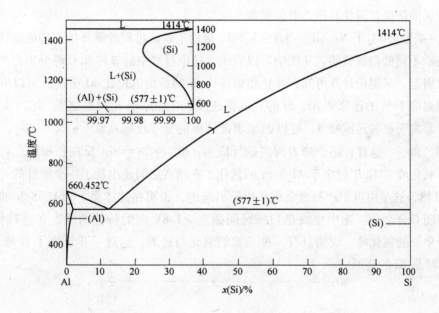

图 2 - 3　铝硅合金相图

根据一些生产实际和研究成果，铝硅合金电解拟采用 $Na_3AlF_6 - Al_2O_3 - SiO_2$ 熔盐体系。冰晶石 Na_3AlF_6 熔点 1009℃，$Na_3AlF_6 - Al_2O_3$ 二元系共晶点（10.0% ~ 11.5%）温度 962 ~ 960℃。冰晶石的密度 $\rho = 2.112 - 93 \times 10^{-5}(t - 1000)$，随氧化铝浓度增加，密度减小。冰晶石 1000℃ 时电导率为 2.8S/cm，升高温度、提高 AlF_3 浓度以及降低 Al_2O_3 浓度可以提高熔盐体系的电导率；而降低温度，降低 AlF_3 浓度以及提高 Al_2O_3 浓度可以减少铝在熔盐中的溶解度。

2.1.5.2　共析法熔盐电解制备铝硅合金

共析法电解合金是指两种或两种以上的金属离子在阴极上共同析出和合金化而制备合金的方法。

若使合金中的几种成分在阴极上电解共析出，最基本的条件是合金组分的几种离子析出电位相等，即

$$E_{M_1^{n1+}/M_1} = E_{M_2^{n2+}/M_2}$$

$$E_1^0 + \frac{RT}{n_1 F} \ln \frac{a_{M_1^{n1+}}}{a_{M_1}} + \Delta E_1 = E_2^0 + \frac{RT}{n_2 F} \ln \frac{a_{M_2^{n2+}}}{a_{M_2}} + \Delta E_2$$

当 E_1^0 和 E_2^0 差别较大时，若两种金属 M_1 和 M_2 在阴极上不发生相互作用，为使两种金属共析出，需改变离子活度 $a_{M_1^{n1+}}$ 和 $a_{M_2^{n2+}}$，即减小电位较正离子的活度，使其析出电位向负方向移动；相应地使电位较负离子的活度增大，使其电位向正方向移动，抑制电位较正的金属析出。加入适当添加剂（配合剂），使电位较正的金属离子形成较稳定的配合物，降低该金属的活度，可使其析出电位变负。

图 2-4 为 950℃ 下 $Na_3AlF_6 - LiF - K_2SiF_6$ 熔盐电解硅过程的循环伏安特征曲线，不同的线型表示不同的扫描区间。从图中可以看出，还原过程中的 B 峰和 C 峰分别由两类阳离子的还原引起，从理论计算可知，氟化物熔体中 Si 的析出电位比 Al 更正，所以 B 峰和 C 峰应分别对应于 Si 的还原和 Al、Si 的共沉积还原。在还原峰 B 和 C 之前，在 -1.15V 位置有一个非常明显的还原峰 A，可以归结于硅还原的分步反应：$Si^{4+} + 2e = Si^{2+}$，产物为可溶的 Si^{2+} 离子。这样，还原峰 B 对应的反应为：$Si^{2+} + 2e = Si$。反向扫描中，可以很容易看出，氧化峰 C' 和 B' 对应于 Al 和 Si 的氧化。在两者之间还出现了一个额外的一个氧化峰 D'，显然，这是由沉积产物合金化作用所引起的，说明在此体系下，Al 和 Si 的共沉积过程中伴随有合金化。图中虚线是扫描区间截至 -1.8V 时的特征曲线，在这种情况下，只有一个单一的氧化峰，说明只有一种元素的氧化与还原，这进一步证明了 B 峰是 Si 的还原，C 峰是 Al 的还原。

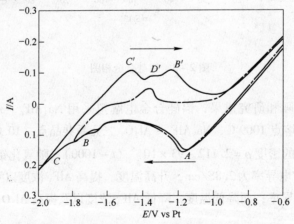

图 2-4　$Na_3AlF_6 - LiF - K_2SiF_6$ 熔盐体系循环伏安曲线

分析电极过程中的速度，可估计共析出合金中各组分的含量。当金属共析出受扩散过程控制，在有大量支持电解质存在时，合金中较易析出的金属相对于较难析出的金属的摩尔比大于它们在电解质中的摩尔比。提高电流密度，增加导电性盐的含量，均可使易沉积金属在合金中的含量降低；而提高温度，加强搅拌，增大金属离子浓度，可使其含量增加。

由于电沉积在阴极上的硅与液态铝合金化，硅的活度大大降低，同时伴有热效应发生去极化作用，使得 Si 和 Al 在阴极上共析出。

工作任务 2.1　熔盐电解设备的认识及安装

提示：以引导文档作索引，以学习小组为单位，利用各种信息源（教师相关知识介绍、专业书籍、专业刊物、互联网）获取相关知识；根据小组分工了解电解设备的规格、性能，设备安装步骤、安装注意事项及规范，准备技术文档；小组合作完成校验及安装并讨论出现的问题。

引导文档与工作计划书印发至学生，以学习小组形式制订工作计划。完成任务后，学生按照工作计划书提示要求撰写工作报告。

2.1.1　引导文档与工作计划

学习情境 2		工作任务 2.1	教学时间
熔盐电解铝硅合金		熔盐电解设备的认识及安装	
授课班级		小组成员	

任务描述　通过对现有设备的观察，写出设备特点；根据现场条件，选择合适的安装方案；准备安装工具和校验设备；要求按企业实际工作过程进行设备的认识、校验、安装，在此过程中学习相关理论知识与实际操作技能

项目	引 导 文 档	工 作 计 划 书
资讯	1. 教师提出工作任务，教师讲解熔盐电解原理、工艺方法以及设备相关知识； 2. 学生通过咨询工艺人员（教师扮演）了解安装要求； 3. 通过查阅资料、教材以及视频资料进行任务分析	1. 熔盐电解设备包括哪几个主要部分？各部分设备的特点及功能是什么？ 2. 电解槽的砌筑或安装要领是什么？ 3. 各部分导电母线和部件的安装要求有哪些？安装时使用哪些工具、仪器？ 4. 如何选择和安装测温仪器、仪表？ 5. 熔盐电解设备常见故障有哪些？如何排除？

项目	引 导 文 档	工作计划书
决策	1. 学生分组并确定安装分工； 2. 教师回答学生提出的问题； 3. 根据各组所选择的设备，给出参考建议	1. 明确小组分工任务； 2. 根据任务书的要求，确定合适的方案
计划	1. 以小组讨论的方式，制订安装任务的工作计划； 2. 将制订的工作计划与教师讨论并定稿	1. 完成熔盐电解设备、仪器配置清单； 2. 绘制熔盐电解槽装配图和加工图； 3. 绘制设备布置图； 4. 编写设备安装计划书； 5. 写出熔盐电解设备安装注意事项及规范； 6. 编写设备安装实施步骤
实施	1. 教师监控学生是否按时完成工作任务； 2. 学生进行正确的检验、安装、接线等操作； 3. 培养学生现场"5S"管理及团队合作意识	1. 选择合理的安装方案； 2. 按照校验方法与步骤进行校验； 3. 将设备安装在选定位置，符合安装工艺要求； 4. 完成安装过程记录
检查	1. 学生对完成的任务进行自我评价； 2. 教师指出学生操作过程中的不当之处，并进行正确操作的演示	1. 根据安装情况，确定是否完成任务； 2. 检查设备机械、电气部分运转是否正常； 3. 根据任务要求对工作过程与结果进行小组自查与小组互查
评估	1. 评价工作过程，并提出改进意见； 2. 根据学生的工作计划书，教师与学生进行专业对话，巩固所学知识，并考核学生对本任务知识与技能的掌握； 3. 设置故障，分析排除	1. 对操作过程进行互评和自评，从操作技能、问题解决、沟通协调等几个方面评价； 2. 评估操作步骤合理性

2.1.2　电解槽结构

试验电解槽采用图 2 - 5 所示的上插阴极电解槽，阴极与阳极呈圆柱面垂直平行布置，均采用高密度石墨加工制成。电解得到的铝硅合金沉入槽底积聚，定期舀出。

电解槽的阴极电流密度对电极配置和槽型结构影响甚大。高的阴极电流密度有利于为电解槽提供足够的热量以维持热平衡；可使金属溶解损失的相对量减少，从而提高电流效率。熔盐电解中阴极过电位甚小，不过 $0.01 \sim 0.1V$，在工业生产条件下可忽略不计。

电解槽活性阳极上的过电位较高，一般达到 $0.2 \sim 1.0V$。阳极过电位随着阳极电流密度的增加而增大。适当控制阳极电流密度、升高温度、增加电解质中 AlF_3 和 Al_2O_3 的含量

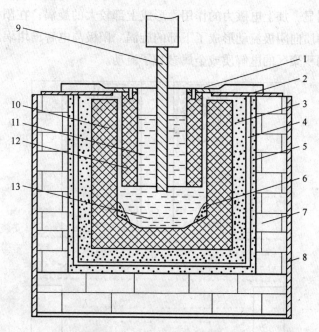

图 2 - 5　电解槽结构示意图

1—阳极导电板；2—炉盖；3—保温层；4—铁套筒；5—石棉纤维板；6—电解质结壳；7—保温砖；

8—炉壳；9—钨阴极；10—石墨坩埚；11—电解质；12—石墨阳极；13—液态金属

并尽可能减小极间距，均有利于降低阳极过电位。在氟化物 - 氧化物熔盐中，阳极电流密度超过临界值如 $1.5A/cm^2$ 就发生阳极效应；当氧化物浓度不足时亦发生阳极效应。此外，由石墨阳极的导电性质所决定，电流密度太大时石墨阳极易过热发红而加快烧损。因此，电解槽的阳极电流密度通常控制在小于 $1.5A/cm^2$。

实验证明，2 ~ 3kA 工业电解槽电流密度适宜取值范围为：阳极电流密度 $J_a = 1.0 ~ 1.25A/cm^2$，阴极电流密度 $J_c = 5 ~ 6.5A/cm^2$，体电流密度 $J_b = 0.08 ~ 0.1A/cm^3$。

2.1.3　电解槽的数值模拟和热平衡

用有限差分方法对3kA 电解槽进行计算机模拟，有如下结果。

电场分布：阴极区附近等电势线最为密集，电位梯度最大；阳极区附近等电势线也较为密集，但比阴极区附近的电位梯度小。电解槽下部金属积聚区附近的区域可近似视为等电势区。

磁场分布：电解槽磁场只存在圆周方向分量，轴向和径向分量均为零；磁场主要由电极电流产生，熔体电流的作用不大。电解槽电极之间的磁感应强度最大，电极以外的区域，由于阳极筒的屏蔽作用，磁感应强度接近于零，说明在周围小磁场强度下，不考虑铁磁物质（槽壳）对磁场的影响是可行的。电解槽中的电磁力主要分布在电极之间的区域。

流场分布：在电磁力和气泡的共同作用下，在阳极和阴极之间区域的上部有一个较大的旋涡，下部有一小的旋涡，如图 2 - 6 所示。这主要是因为在阳极表面上部区含气区域大，气泡的作用明显，加上电磁力的作用，形成上部较大的旋涡；在阳极下部，气泡搅动和电磁力推动电解质向阴极流动形成了下部的旋涡。阳极与电解槽坩埚之间的电解质基本不参与流动；金属积聚区的电解质或金属参与了流动。

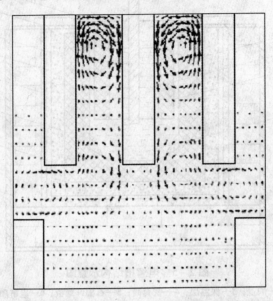

图2-6　电磁力和气泡共同作用下电解槽纵剖面的流场

对3kA电解槽进行温度场和热平衡计算的结果表明：活性石墨阳极电解槽的热收入项中电能占92.13%，化学热占12.87%；热支出项中电解反应和物料吸热仅占28%左右，电解槽体系散热占71%，其中电解质辐射热损失40%，槽壁热损失15.6%，槽上盖热损失10%，槽底热损失4.2%，气体带走热损失1.4%。对10kA圆形电解槽热平衡进行测试的结果与温度场的数值模拟结果相符，槽口电解质辐射热占44.5%。

2.1.4　槽电压与结构参数的关系

电解槽的熔盐压降 $U = IR = IK/\gamma$，式中 K 为电阻常数，γ 为熔盐电导率。电解槽的电阻常数与其结构参数之间的依存关系非常重要，因为这是设计电解槽和进行电解操作控制的主要依据。当 $L \geq D$ 时，电阻常数的理论计算值为：

$$K = \frac{1}{2\pi L}\ln\frac{D}{d} = \frac{1}{2\pi L}\ln\frac{J_c}{J_a}$$

式中　K——电解槽的电阻常数，1/cm；

　　　D——电解槽阳极直径，cm；

　　　d——电解槽阴极直径，cm；

　　　L——阴极在电解质中的插入深度，cm；

　　　J_a——阳极电流密度，A/cm^2；

　　　J_c——阴极电流密度，A/cm^2。

例如，试验电解槽的结构确定后，将其结构参数代入上式得到 $K = 4.0967 \times 10^{-3}$。

当 $I = 3000\text{A}$ 时：

$$J_a = 0.85\text{A/cm}^2, \quad J_c = 2.387\text{A/cm}^2, \quad J_b = 0.1396\text{A/cm}^3, \quad U = IR = IK/\gamma = 4.39\text{V}$$

$$V = E^{\ominus} + \eta_a + \eta_c + IR + \eta_b = 2.118 + 0.7 + 4.39 = 7.2\text{V}$$

当 $I = 5000\text{A}$ 时：

$$J_a = 1.41\text{A/cm}^2, \quad J_c = 3.978\text{A/cm}^2, \quad J_b = 0.232\text{A/cm}^3, \quad U = 7.32\text{V}; \quad V = 10.14\text{V}$$

2.1.5　电解槽的砌筑与母线安装

本项目采用石墨坩埚电解槽。用普通钢板加工成外壳，外形尺寸为 $1200\text{mm} \times 1200\text{mm} \times 1100\text{mm}$。在钢制槽壳的内侧贴放石棉板，以加强电解槽的保温性能；槽底部由石棉板、轻质保温砖、石英砂打结层构成；将外形尺寸为 $\phi630\text{mm} \times 700\text{mm}$ 的石墨坩埚坐落于槽底部石英砂打结层上，槽壳侧壁紧贴石棉板砌筑轻质保温砖，坩埚与保温砖之间的间隙用石英砂填充，槽口用高铝砖砌筑。

石墨坩埚内尺寸为 $\phi450\text{mm} \times 650\text{mm}$，底部 150mm 深，为锥形段，用于收集金属。在坩埚的上部插入一个石墨圆筒充当阳极，通过阳极中心放置一根石墨棒作阴极。三氧化二铝和二氧化硅钒粉料沿阳极和阴极空隙处加入。石墨坩埚电解槽的主要优点是阴极位于槽中央，电力线分布均匀，阴极电流密度较大，有利于加快金属析出速度。同时，电解槽结构简单，阳极气体逸出容易，电解质由四周向中央翻动利于金属和渣分离。电解温度完全靠直流电提供的能量维持，无须额外补充热量，电解在无保护气氛下连续操作。为了便于更换石墨阳极，用石墨块组合阳极取代石墨圆筒，由于槽子是敞口的，因而辐射热损失较大，槽电压较高。

电解槽由 6kA 高频脉冲硅整流器供电，最大输出电流 6000A，电压 15V。供电系统还包括操作柜、辅助电源、空气断路器等电气设备。从整流器引出的阳极母线由 2 片截面为 $120\text{mm} \times 10\text{mm}$ 的铜排组成，为了便于散热，母线铜排之间保持适当的距离。阳极母线至电解槽分成两路排在电解槽槽口的导电低碳钢板上，用螺栓连接。阳极块用低碳钢导电杆连接和固定，导电杆与导电钢板搭接。阴极棒固定在一个悬臂承重支架上，通过电机驱动可上下升降，以调节阴极插深。阴极装置由水冷电缆与整流器连接，阴极棒通过电解质、阳极块、导电杆、导电钢板、阳极母线等形成直流回路。所有回路上的输电母线都应尽量减少电压降损失，以节约用电。6kA 电解槽母线电压降的允许值为：阳极母线与导电钢板螺栓连接时小于 10mV；导电钢板与导电杆搭接时小于 500mV；阴极水冷电缆至石墨阴极总电压降小于 500mV。

工作任务 2.2　熔盐电解铝硅合金操作

提示：以引导文档作索引，以学习小组为单位，利用各种信息源（教师相关知识介绍、专业书籍、专业刊物、互联网）获取相关知识；在了解熔盐电解铝硅合金原理的基础上，制定电解工艺条件、操作方法，准备技术文档；各学习小组倒班连续进行电解槽烘干、预电解、正常电解、出金属、换阳极等操作作业，讨论出现的问题和处理常见事故。

引导文档与工作计划书印发至学生，以学习小组形式制订工作计划。完成任务后，学生按照工作计划书提示要求撰写工作报告。

2.2.1 引导文档与工作计划

学习情境 2	工作任务 2.2	教学时间
熔盐电解铝硅合金	熔盐电解铝硅合金操作	
授课班级	小组成员	

任务描述　根据熔盐电解铝硅合金原理和电解槽结构参数，确定熔盐电解铝硅合金工艺条件和操作规范、注意事项；小组轮班进行熔盐电解铝硅合金作业，在此过程中学习相关理论知识与实际操作技能

项目	引 导 文 档	工 作 计 划 书
资讯	1. 教师提出工作任务，讲解熔盐电解铝硅合金原理、工艺条件确定方法以及相关知识； 2. 学生通过咨询工艺人员（教师扮演）了解熔盐电解工艺及操作方法； 3. 通过查阅资料、教材以及视频资料进行任务分析	1. 熔盐电解铝硅合金的原理是什么？ 2. 根据铝硅合金相图和冰晶石的性质确定电解铝硅合金的成分和电解温度； 3. 根据电解槽容量和铝硅合金成分计算加料配比和加料速度； 4. 正常电解时如何控制和调整电解温度？
决策	1. 学生分组并确定倒班顺序和对应的工作任务； 2. 教师回答学生提出的问题； 3. 根据各组对应的工作任务，给出参考建议	1. 明确小组分工任务； 2. 根据任务书的要求，确定合适的方案
计划	1. 以小组讨论的方式，制订电解任务的工作计划； 2. 将制定的工作计划与教师讨论并定稿	1. 确定熔盐电解工艺条件：电解电流、阴极插深、电解温度、加料速度和加料量、电解电压、合金产率； 2. 确定电解槽烘干、预电解、正常电解、更换阳极、出金属的工艺规范、操作注意事项； 3. 分析电解过程中可能出现的问题和事故，编制事故处置预案

续表

项目	引 导 文 档	工作计划书
实施	1. 教师监控学生是否按时完成工作任务； 2. 学生进行正确的电解操作； 3. 培养学生现场"5S"管理及团队合作意识	1. 按照电解工艺条件和操作规范进行熔盐电解铝硅合金作业； 2. 完成电解作业过程记录； 3. 及时解决和排除电解过程中出现的问题和事故
检查	1. 学生对完成的任务进行自我评价； 2. 教师指出学生操作过程中的不当之处，并进行正确操作的演示	1. 小组检验电解质中氧化物浓度，检查加料和出金属是否平衡； 2. 小组分析电解工艺参数变化情况，估算电流效率和电解槽热平衡状况； 3. 根据任务要求对工作过程与结果进行小组自查与小组互查
评估	1. 评价工作过程，并提出改进意见； 2. 根据学生的工作计划书，教师与学生进行专业对话，巩固所学知识，并考核学生对本任务知识与技能的掌握； 3. 设置故障，分析排除	1. 对操作过程进行互评和自评，从操作技能、问题解决、沟通协调等几个方面评价； 2. 评估操作步骤合理性

2.2.2　操作

熔盐电解铝硅合金工艺包括电解槽的砌筑、烘干、电解质的熔化与配制、电解工艺条件的调整、正常电解、出金属、金属的清理与包装等过程。在电解过程中，冰晶石在高温下有挥发、发生化学作用及机械损失等，需要定期进行补充。石墨阳极或石墨坩埚因在高温下受到空气中水分和氧的氧化作用以及熔盐的冲刷和化学作用等，也会逐渐消耗和损坏，使电流密度和导电性能发生变化，故需定期进行更换。废电解质和废渣中含铝和硅，应进行回收。电解过程中排出的烟气以及操作过程中飞散的粉尘，造成厂房内的工作环境较差，必须采取通风、排烟和尾气处理等措施来消除烟害。

2.2.2.1　烘炉和预电解作业

电解槽砌好后经室内阴干，还需进行烘干，以排除槽体内的水分，并使电解槽具有一定的蓄热量。烘炉是依靠输入电流产生的电阻热来烘烤电解槽，一般烘炉5～6h，然后预电解作业约2h，进行洗炉和去除杂质。

电解槽烘炉结束后，在电解槽内加入冰晶石至上口处，通直流电起弧使其熔融，并在1000℃左右保温 2h，使电解槽具有足够的蓄热量，同时电解排除电解质中的杂质。预电解达到要求后，先舀出部分熔融电解质，放上石墨阳极通直流电并开始加料进行电解。为了使电解能较快地转入正常状态，应加适量的打底金属，然后调节电流、电压，控制电解温度和加料浓度，从而逐步使电解转入正常。

2.2.2.2　电解操作

正常电解时，电解质液面要求低于上口 100mm。电解过程中应每班分析铝、硅浓度2~3次，并根据分析结果加料，将电解质中物料浓度控制在 5%~10% 的范围内。加料速度不宜太快，一次加料不宜过多，避免电解温度和电解质中物料浓度波动过大而影响电解。电解槽的温度可以通过调整电流、电压和阴极插深等加以控制。温度和浓度忽高忽低都对电解生产不利。

电解情况正常时，电解质较清晰，流动性好，阳极边缘的气泡大而多。为使电解槽内电力线和温度分布均匀，上插阴极棒必须放在炉膛空档居中位置垂直下插，插入深度应保持相对固定，以使阴极电流密度保持稳定。

在电解温度下，冰晶石会挥发，加之电解作业过程中有机械损失，故在电解过程中应根据情况适量地补充加入冰晶石，以维持电解质液面所必需的高度。

随着电解过程的进行，金属铝、硅不断地在阴极上析出，沉积在槽底部的合金液会逐渐升高，并且电流有所上升，电压有所下降。待沉积的合金积累到一定量时应定期取出，使电解得以继续稳定进行。

2.2.2.3　出金属及更换阳极和电解质

出金属时，若金属熔融状态不好，应升高电流、电压，升温使金属呈熔融态。但升温速度不宜过快，温度不能升得过高，以防金属在高温下氧化、加剧金属与电解质的化学作用及在电解质中溶解损失，甚至破坏电解质。

出金属之前，应将工模具预热，以防发生爆炸事故。若金属液表面被渣覆盖，应设法清除掉。出金属过程中带出来的电解质应返回电解槽或回收利用。出金属之后，槽底部留有适量的金属，以利于电解继续进行。取出的金属待冷却后，用冷水清洗、晾干、过磅并装桶保存。

随着电解的不断进行，石墨阳极或石墨坩埚由于机械和化学作用等原因会逐渐被损坏，致使电流密度、极距和导电性能等发生变化。另外，电解质中的杂质（如 Fe、Ca、Ba）元素也会逐渐富集，使电解质的物理化学性质变差，从而导致电解情况恶化。为了维持电解的正常进行，就需定期更换石墨阳极或石墨坩埚以及电解质。

2.2.2.4　电解操作中常遇到的问题

A　冒槽或喷溅

冒槽或喷溅主要是由于物料脱水不够，加入电解槽后，水分来不及挥发就随物料进入高温电解质内部，从而迅速挥发，体积膨胀，造成冒槽或喷溅，严重的还会发生爆炸。因此，应严格控制原料的含水量，在操作上也应十分注意，要做到勤加料和少加料，力求避免冒槽和喷溅的发生。

B　炉冷和过热

由于金属离子与液态金属界面间有较大的交换电流，所以电解可采用较大的阴极电流密度，电解过程中也容易达到自热。6kA 电解槽一般依靠直流电通过熔盐电阻的发热即可维持电解温度。但当从电解槽取出产品或电解质中积累杂质过多而需更换部分电解质时，往往停直流电或减少电流操作，时间过长则造成冷炉。此时应增大电流或提升阴极以增加两极间电阻，从而提高发热量。有时因操作的原因而使电解质过热，则应减小电流后下移阴极，必要时还应取出部分电解质并补加料以降温。

C　电解渣

电解渣是电解质中产生的高熔点化合物。在电解温度下，电解渣以固态存在于电解质中，一部分覆盖于液体金属表面，妨碍了它们的汇集；另一部分悬浮于电解质中，使其黏度增加。因而，电解渣的存在严重地降低了电解的电流效率和金属回收率。

为了防止和消除电解渣，除了针对产生原因采取相应措施外，对已形成的电解渣还应设法消除。

2.2.2.5　影响铝硅电解过程的因素

影响铝硅电解过程的主要操作因素是电解温度、电流密度和加料速度。

A　电解温度

电解操作温度取决于金属的熔点、电解质的性质、金属和熔盐分离的程度及电流效率。掌握操作温度的原则是尽量在较低温度下操作，因为温度越高，金属的二次作用越剧烈，一方面引起金属在电解质中的溶解度增大，导致电流效率降低（见图 2-7）；另一方面加剧了熔盐对槽体和电极的侵蚀，增加了材料带入杂质的污染。但温度过低，将使铝硅氧化物在电解质中的溶解度和溶解速度下降，影响电解正常进行，还可能出现造渣现象。

B　电流密度

电解电流的大小依赖于电极表面积，特别是阳极表面积和阳极几何形状。阳极形状的

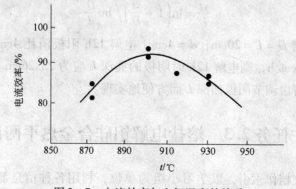

图 2-7　电流效率与电解温度的关系

设计，要求在某一电流密度下产生的氧化碳气体能迅速排出。另外，由于电解电压和电流密度成正比，采用高电流密度则导致高电压操作，这就意味着电解能量消耗的增加。在铝硅氧化物电解操作中要维持电解槽正常运转和争取最佳操作参数，起始阳极电流密度应不大于 $1A/cm^2$。

电解时，随着阴极电流密度增大，电流效率也相应提高。在实际操作中，通过电解槽的总电流通常是恒定的，固态阴极的插入深度基本固定，所以阴极电流密度也大体保持不变。但在长周期的延续电解中，阴极电流密度总是趋于升高。造成原因是由于阴极表面被电解质侵蚀而趋于减小和电解质液面因蒸发而不断下降，导致阴极插入深度变浅。阴极电流密度在电解过程中的逐渐升高会造成电解质过热，电解质蒸发损失加剧。铝硅氧化物电解选定的阴极电流密度都在 $3.5A/cm^2$ 以上。

C　加料速度

加料速度的大小除取决于电流强度外，还取决于铝硅氧化物在氟化物熔盐中的溶解度。Al_2O_3 在冰晶石中的溶解度为 10% ~ 15%，SiO_2 在冰晶石中的溶解度约 5% 左右。理论上铝硅氧化物的加入速度应与阳极反应相适应，但实际操作中只能根据电解电流的大小来掌握。若氧化物加入量过多或过速，未及时溶解的氧化物随即沉降，在槽底部生成泥渣，增大了熔盐黏度，这不仅妨碍下降的金属滴凝聚，造成金属夹杂，并且降低氧化物利用率。若氧化物加入不足或过缓，造成电解质中氧化物浓度下降，氧离子供不上阳极反应的消耗，就容易引起阳极效应。

2.2.2.6　电解操作控制

在电解槽的电流密度、电解温度、电解质的组成等工艺条件不变时，可调节阴极插深 L 使电解槽的电阻常数 K 保持不变，实现恒电阻 $R = K\gamma$ 控制。设电解过程中阳极的消耗速度为 $x(cm/h)$，在时间 t，阳极直径为 $D + xt$，若忽略阴极消耗，则需增加阴极插深速度 $y(cm/h)$ 以保持电阻常数 K 不变，即

$$\frac{1}{2\pi (L + yt)} \ln \frac{D + xt}{d} = \frac{1}{2\pi L} \ln \frac{D}{d}$$

从而有

$$\frac{yt}{L} = \ln\left(1 + \frac{xt}{D}\right) \bigg/ \ln \frac{D}{d}$$

例如，某电解槽 $D = L = 20cm$，$d = 4cm$，电解 12h 阳极消耗 4cm，即 $x = 0.33cm/h$，计算得到 $y = 0.1888cm/h$，则电解 12h 时阴极的插深 L 应为 22.26cm。因此，石墨坩埚电解槽的恒电阻操作可由调节阴极插深 L 而方便地实现。

工作任务 2.3　熔盐电解铝硅合金热平衡计算

提示：以引导文档作索引，以学习小组为单位，利用各种信息源（教师相关知识介绍、专业书籍、专业刊物、互联网）获取相关知识；在完成熔盐电解铝硅合金任务后，按

照操作记录，进行电解铝硅合金热平衡计算，讨论计算结果并提出改进意见。

　　引导文档与工作计划书印发至学生，以学习小组形式制订工作计划。完成任务后，学生按照工作计划书提示要求撰写工作报告。

2.3.1　引导文档与工作计划

学习情境 2		工作任务 2.3	教学时间
熔盐电解铝硅合金		熔盐电解铝硅合金热平衡计算	
授课班级	小组成员		

　　任务描述　根据熔盐电解铝硅合金工艺条件和电解槽结构参数，小组研究并进行熔盐电解铝硅合金热平衡计算，在此过程中学习相关理论知识与热平衡计算的方法与技能

项目	引 导 文 档	工作计划书
资讯	1. 教师提出工作任务，讲解熔盐电解铝硅合金热平衡计算的方法、要求及相关知识； 2. 学生通过咨询工艺人员（教师扮演）了解热平衡计算的方法及步骤； 3. 通过查阅资料、教材以及视频资料进行任务分析	1. 明确电解槽结构参数及各种材料的导热数据； 2. 根据小组操作记录，明确熔盐电解工艺条件：电解电流、阴极插深、电解温度、加料速度和加料量、电解电压、合金产率
决策	1. 学生分组并确定对应的工作任务； 2. 教师回答学生提出的问题； 3. 根据各组对应的工作任务，给出参考建议	1. 明确小组分工任务； 2. 根据任务书的要求，确定合适的计算方案
计划	1. 以小组讨论的方式，制订热平衡计算任务的工作计划； 2. 将制订的工作计划与教师讨论并定稿	1. 确定小组计算多大电解电流下的热平衡计算任务； 2. 确定热平衡计算的内容和步骤
实施	1. 教师监控学生是否按时完成工作任务； 2. 学生进行正确的计算过程； 3. 培养学生现场"5S"管理及团队合作意识	1. 按照电解工艺条件和操作记录进行熔盐电解铝硅合金热平衡计算； 2. 及时解决计算过程中出现的问题

项目	引 导 文 档	工作计划书
检查	1. 学生对完成的任务进行自我评价； 2. 教师指出学生计算过程中的不当之处，并进行正确计算的指导	1. 小组检验计算结果是否正确和合理； 2. 小组分析电解工艺参数变化时，估算电流效率和电解槽热平衡状况； 3. 根据任务要求对计算过程与结果进行小组自查与小组互查
评估	1. 评价计算过程，并提出改进意见； 2. 根据学生的工作计划书，教师与学生进行专业对话，巩固所学知识，并考核学生对本任务知识与技能的掌握	1. 对计算过程进行互评和自评，从计算方法、问题解决、沟通协调等几个方面评价； 2. 评估计算步骤合理性

2.3.2　熔盐电解铝硅合金热平衡计算示例

6kA 电解槽热平衡的计算体系如图 2 - 8 所示。各种材料的导热系数为：

石墨　　　　　　$\lambda_1 = 162.82 - 40.7 \times 10^{-3}t$　　　　W/(m·℃)

膨胀珍珠岩　　　$\lambda_2 = 0.04 + 0.22 \times 10^{-3}t$　　　　W/(m·℃)

轻质黏土砖　　　$\lambda_3 = 0.56 + 0.35 \times 10^{-3}t$　　　　W/(m·℃)

综合换热系数　　$\alpha_T = 8.4 + 0.06(t_w - t_0)$　　　　W/(m²·℃)

2.3.2.1　槽底热损失

槽底各层界面温度见图 2 - 8。各层导热系数（W/(m·℃)）为：

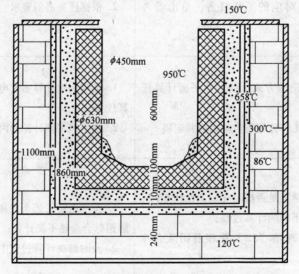

图 2 - 8　6kA 电解槽热平衡计算体系示意图

$$\lambda_{1,804℃} = 130.15$$

$$\lambda_{2,479℃} = 0.145$$

$$\lambda_{3,210℃} = 0.633$$

$$\alpha_{120℃} = 14.4$$

传热热阻为：

$$K = \sum \delta / \lambda \cdot S + 1 / \alpha_T \cdot S$$

$$= \frac{0.1}{130.15 \times \frac{\pi}{4} \times 0.63 \times 0.45} + \frac{0.11}{0.145 \times 0.8^2} + \frac{0.24}{0.633 \times 0.98^2} + \frac{1}{14.4 \times 1.1^2}$$

$$= 1.64 ℃/W$$

槽底综合热损失：

$$Q_{底} = (t_1 - t_0)/K = (950 - 30)/1.64 = 561 W$$

2.3.2.2 侧壁热损失

侧壁各层界面温度见图 2-8。各层导热系数（W/(m·℃)）为：

$$\lambda_{1,804℃} = 130.15$$

$$\lambda_{2,479℃} = 0.145$$

$$\lambda_{3,193℃} = 0.627$$

$$\alpha_{86℃} = 11.76$$

传热热阻为：

$$K = \sum \frac{\ln \frac{D_{i+1}}{D_i}}{\lambda_i 2\pi L_i} + \frac{1}{\alpha_T S} = \frac{\ln \frac{0.63}{0.45}}{130.15 \times 2\pi \times 0.7} + \frac{\ln \frac{0.86}{0.63}}{0.145 \times 2\pi \times 0.81} + \frac{0.12}{0.627 \times 1 \times 0.9 \times 4} +$$

$$\frac{1}{11.76 \times 1.1 \times 0.96 \times 4} = 0.4956 ℃/W$$

侧壁综合热损失：

$$Q_{侧} = (t_1 - t_0)/K = (950 - 30)/0.4956 = 1856 W$$

2.3.2.3 槽盖热损失

假设槽盖钢板温度为 300℃，因 $t_{计} = (300 - 30)/2 = 135℃$，$A_3 = 1.08$，故有

$$\alpha_{对} = A_3 \Delta t^{1/3} = 1.08 \times (300 - 30)^{1/3}/3.6 = 1.94 W/(m \cdot ℃)$$

对流热：

$$Q_{对} = 1.3 \alpha_{对} S_2 (t_2 - t_0) = 1.3 \times 1.94 \times 1.1^2 \times (300 - 30) = 823.9 W$$

辐射热：

$$Q_{辐} = \varepsilon C_0 S_2 \left[\left(\frac{T_2}{100} \right)^4 - \left(\frac{T_0}{100} \right)^4 \right] \varphi = 0.8 \times 5.77 \times 1.1^2 \times (5.73^4 - 3.03^4) \times 1 = 5550.2 W$$

故有

$$Q_{盖} = Q_{对} + Q_{辐} = 823.9 + 5550.2 = 6374W$$

2.3.2.4　槽盖孔口辐射热

因为 $x = (270 - 100)/170 = 1$，$\phi_{12} = \phi_{21} = \dfrac{1 + 2x^2 - \sqrt{1 + 4x^2}}{2x^2} = 0.382$

角度系数 $\Phi = (1 + \phi_{12})/2 = (1 + 0.382)/2 = 0.691$，故有

$$Q_{孔} = C_0 \Phi S \left[\left(\frac{T_2}{100} \right)^4 - \left(\frac{T_0}{100} \right)^4 \right]$$

$$= 5.77 \times 0.691 \times (\pi/4) \times (0.27^2 - 0.1^2) \times \left[\left(\frac{1223}{100} \right)^4 - \left(\frac{303}{100} \right)^4 \right] = 4390W$$

2.3.2.5　导体散热

导体散热用简化方法计算传导热损失，经验算，与导体外露部分的对流热和辐射热基本相符。

阳极导体散热：

$$Q_{阳} = \lambda_{铜} \frac{t_1 - t_2}{L} S = 384 \times \frac{300 - 60}{0.8} \times 0.1 \times 0.01 \times 2 = 230W$$

阴极棒散热：

$$Q_{阴} = \lambda_{石墨} \frac{t_1 - t_2}{L} S = 140 \times \frac{950 - 200}{0.6} \times (\pi/4) \times 0.1^2 = 1374W$$

累计电解槽热损失：

$$Q = Q_{底} + Q_{侧} + Q_{盖} + Q_{孔} + Q_{阳} + Q_{阴} = 561 + 1856 + 6347 + 4390 + 230 + 1374 = 14758W$$

2.3.2.6　电解槽能量平衡

例如前述试验电解槽 $K = 4.0967 \times 10^{-3}$，当 $I = 3000A$ 时，$U_{阻} = 4.39V$，$V = 7.21V$，能量平衡方程为：

$$VI = U_{电解} I \eta + Q$$

$$7.21I = 2.82I\eta + 14.758$$

在不同电流效率下，能量平衡如表 2 - 2 所示，热量余额均在工程计算允许的误差范围内。

表 2 - 2　电解槽能量平衡

收　　入		支　　出				
		项　目	$\eta = 80\%$		$\eta = 90\%$	
			kW	%	kW	%
输入电流	3kA	电解反应热	6.77	31.3	7.61	35.5
槽电压	7.21V	热损失	14.76	68.2	14.76	68.2
输入电能	21.63W	热量余额	0.1	0.5	-0.74	-3.7

附　录

电解铝硅合金操作记录

时　间	20　年　月　日　　时至　　时					
	电压/V	电流/kA	电极深/cm	温度/℃	加料、出料记录	备　注
交接班情况及小结						
组别	第　组	组长		指导教师		
签名						

注：正常电解情况下每半小时记录一次数据；交接班时组长负责核对数据及签名。

内蒙古机电职业技术学院试卷 A

考试科目：　__项目工作__

试卷适用专业（班）：_____

20　/20　学年度/第　学期　考试时间 20　年　月　日　节

题　号	一	二	三	四	五	总　计
分　值	30	20	15	20	15	100
得　分						
阅卷人						

一、名词解释

1. 分解电压

答：分解电压是使一定电解质分解所需的最小理论电压，等于由析出于电极上的两种物质所组成的可逆电池的电动势。

2. 电极的极化

答：当有明显的电流通过电极时，阴极电位总是比平衡电位更低，而阳极电位总是比平衡电位更高，这种电极电位偏离平衡电位的现象称为极化。对于阴极，称为阴极极化，对于阳极则称为阳极极化。而电极电位偏离平衡电位的数值称为超电压或过电位。

3. 电化学当量

答：电化学当量是指电解时理论上每安培小时所能析出的金属质量。

二、已知在铝电解温度下，电解铝反应

$$2Al(l) + 3/2O_2(g) = Al_2O_3(s)$$

的标准生成自由能：

$$\Delta G^{\ominus} = -1692130 + 331.44T$$

试计算在电解温度 1223K 下该反应的理论分解电压。

答：　　　　$\Delta G^{\ominus} = -1692130 + 331.44T = -1286780(1223K)$

$$E_0 = -\Delta G^{\ominus}/(nF)/2 = 1286780/(3 \times 96484.56)/2 = 2.22V$$

三、已知铝的相对原子质量 26.981539，法拉第常数 $F = N_A \cdot e = 96484.56$ （27） C/mol，试计算铝的电化学当量。

答：　　　　$C = A/nF = 26.981539 \times 3600/(3 \times 96485) = 0.3356g/(A \cdot h)$

四、已知电解槽结构参数 $D = 280$mm，$d = 150$mm，$L = 400$mm；电解质电导率 $\gamma = 2.8$S/cm；当电解槽输入电流 $I = 3000$A 时，试计算熔盐压降。

答：
$$K = \frac{1}{2\pi L}\ln\frac{D}{d} = \frac{1}{2\pi \times 40}\ln\frac{28}{15} = 2.4834 \times 10^{-3}$$
$$U = IR = IK/\gamma = 3000 \times 2.4834 \times 10^{-3}/2.8 = 2.66V$$

五、画出铝硅合金相图

答：略

内蒙古机电职业技术学院试卷 B

考试科目：　　项目工作　

试卷适用专业（班）：＿＿＿＿＿

20 ／20　学年度/第　 学期　考试时间 20　年　月　日　节

题　号	一	二	三	四	五	总　计
分　值	30	20	15	20	15	100
得　分						
阅卷人						

一、名词解释

1. 熔盐电解

答：金属熔盐电解是在电解槽内直流电场的作用下，熔融盐中的金属离子向阴极迁移获得电子，从而还原成金属的生产方法。

2. 电极电位

答：金属插入熔盐中，在金属和熔盐的界面产生一定的电位差，称为电极电位。

3. 熔盐电解的槽电压

答：在电解槽中，当有一定电流通过时，槽电压 V 表示为：

$$V = E^0 + \eta_a + \eta_c + IR + \eta_b$$

式中　E^0——平衡时电极电位或理论分解电压，V；

　　　η_a——阳极超电压，V；

　　　η_c——阴极超电压，V；

　　　IR——电解质上的电位降，V；

　　　η_b——去极化电位，V。

二、已知电解硅反应

$$\mathrm{Si(1) + 2O_2(g) =\!=\!= SiO_2(s)}$$

的标准生成自由能：$\Delta G^{\ominus} = -902092 + 173.64T$

试计算在电解温度 1273K 下该反应的理论分解电压。

答：　　　　　$\Delta G^{\ominus} = -902092 + 173.64 \times 1273 = -681048.28$

　　　　　$E^0 = -\Delta G^{\ominus}/(nF) = 681048.68/(4 \times 96485) = 1.765\text{V}$

三、已知硅的相对原子质量 $A = 28.0855$，法拉第常数 $F = N_A \cdot e = 96484.56$ （27）C/mol，试计算硅的电化学当量。

答：　　　　　$C = A/nF = 28.0855 \times 3600/(4 \times 96485) = 0.262\text{g}/(\text{A} \cdot \text{h})$

四、已知电解槽结构参数 $D = 280\text{mm}$，$d = 100\text{mm}$，$L = 400\text{mm}$；电解质电导率 $\gamma = 2.8\text{S/cm}$；当电解槽输入电流 $I = 3000\text{A}$ 时，试计算熔盐压降。

答：
$$K = \frac{1}{2\pi L}\ln\frac{D}{d} = \frac{1}{2\pi \times 40}\ln\frac{28}{10} = 4.096 \times 10^{-3}$$
$$U = IR = IK/\gamma = 3000 \times 4.0967 \times 10^{-3}/2.8 = 4.39\text{V}$$

五、画出铝硅合金相图

答：略

学习情境 3　铝硅合金熔炼

学习目标

　　能利用铝硅合金相图，制定铝硅合金熔炼的工艺制度，会操作真空感应炉进行铝硅合金熔炼及硅的精炼，能判断及排除冶炼过程中常见故障。

学习任务 3.1　真空感应熔炼原理

　　真空感应熔炼是在真空状态下，利用电磁感应在金属炉料内产生电的涡流，从而加热炉料并获得足够高的温度，使炉内金属或合金原料熔化，在熔融状态下利用杂质元素的蒸发提纯金属，或通过原子扩散形成所需合金的过程。由于真空感应熔炼的合金纯净度高，合金成分控制准确，因而能保证合金的性能、质量及其稳定性。作为合金化的基本手段，这一技术只能发展，无法取代。

3.1.1　感应电炉的工作原理

　　图 3 - 1 所示为感应电炉的基本电路，包括启动开关、变频电源、电容器、感应线圈与坩埚。

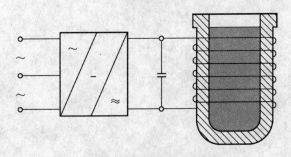

图 3 - 1　感应电炉的基本电路

　　感应电炉的工作原理是交流电流经水冷铜线圈时，由于电磁感应使坩埚中的金属炉料产生感应电流，感应电流克服炉料电阻产生热量，从而使金属炉料加热和熔化。具体工作过程包括以下几步。

3.1.1.1　电流产生交变磁场

当交变频率的电流通过螺旋形水冷感应线圈时，在线圈所包围的空间和四周就产生了交变磁场，一部分磁力线穿透金属炉料，还有一部分磁力线穿透坩埚材料。交变磁场的极性、强度、磁通量变化率等取决于通过水冷线圈的电流强度、频率、线圈的匝数和几何尺寸。

3.1.1.2　交变磁场产生感应电流

当穿透坩埚内金属炉料的磁力线的极性和强度产生周期性的交替变化时，按照法拉第电磁感应定律，坩埚内的金属炉料所构成的闭合回路中产生的感应电动势与磁通量对时间的变化率成正比。如果磁通量对时间的关系按正弦规律变化，则感应电动势 $E(\text{V})$ 的大小可用下式表示：

$$E = 3.44 f N \Phi$$

式中　f——交变电流的频率，Hz；

　　　N——感应线圈的匝数；

　　　Φ——交变磁场的磁通量，Wb。

在感应电动势 E 的作用下，金属炉料中产生了感应电流 $I(\text{A})$。感应电流的方向与电源交变电流的方向相反，其大小服从欧姆定律：

$$I = \frac{4.44 f N \Phi}{R}$$

式中　R——金属炉料的有效电阻，Ω。

3.1.1.3　感应电流转化为热能

金属炉料内产生的感应电流在流动中要克服一定的电阻，从而由电能转换为热能，使金属炉料加热并熔化。感应电流产生热量的多少服从焦耳 – 楞次定律：

$$Q = I^2 R t$$

式中　t——通电时间，s。

　　　Q——感应电流产生的热量，J。

3.1.2　感应电炉的熔化特点

3.1.2.1　感应电流的分布特征

交变电流通过导体时，电流密度由表面向中心依次减弱，即电流有趋于导体表面的现象，称为电流的表面效应（或集肤效应）。感应电流是交变频率的电流，它在炉料中的分布符合表面效应，即聚集在炉料导体的表面层。感应线圈中的交变电流与炉料导体中感应电流的方向相反，在互相影响下，使两导体中的电流在临近侧面处聚集（称为邻近效应）。感应线圈的最大电流密度则出现在线圈导体的内侧（称为圆环效应）。坩埚式感应电炉的电流分布是这几种效应的综合。感应线圈和炉料导体的电流分布如图 3 – 2 所示。

3.1.2.2　炉料的最佳尺寸范围

当电磁波从导体表面向导体内部传播时，经过距离 d 后，其值衰减到表面值的 $1/e$

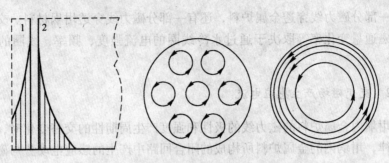

图 3 - 2　感应线圈和炉料导体的电流分布

（即为表面值的 0.368 倍，占全部能量的 86.5%），这段距离称为导体的穿透深度。d 值反比于电流频率、导体磁导率和电导率乘积的平方根。因为感应电流主要集中在炉料的穿透深度层内，所以热量主要由炉料的表面层供给。如果炉料的几何尺寸与穿透深度配合得当，则加热时间短，热效率高。通常，炉料直径为穿透深度 d 的 3~6 倍时可得到较好的总效率，如表 3 - 1 所示。

表 3 - 1　最佳炉料尺寸与电流频率的关系

电流频率/Hz	50	150	1000	2500	4000	8000
穿透深度/mm	73	42	16	10	8	6
最佳炉料直径/mm	219~438	126~252	48~96	30~60	24~48	18~36

3.1.2.3　坩埚内的温度分布及布料原则

在电磁感应加热过程中，由于炉料中磁力线分布及坩埚对外散热等原因，坩埚内炉料的温度分布并不均匀，大致分为图 3 - 3 所示的四个区域，中心部位 3 为高温区，1 为中温区，2、4 为低温区。因此，在装料时要考虑料块的尺寸及熔点应与坩埚内的温度分布区域相适应。合理的布料原则是：高熔点料装在坩埚中下部，低熔点料装在坩埚上部；小块料装在坩埚中下部，大块料装在坩埚上部；坩埚中下部装料密实；坩埚上部装料松动，料块靠近而不卡死，防止搭桥。

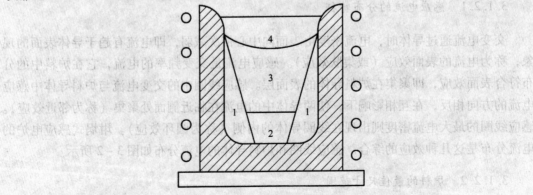

图 3 - 3　感应炉坩埚内的温度分布

3.1.2.4　感应熔炼的电磁搅拌作用

感应电炉熔炼时，导电熔体在电磁力的作用下处于不断搅动中，这一现象称为电磁搅拌。熔体中的电流方向与感应器中的电流方向是相反的，由于电磁力的作用使熔体和感应器之间互相排斥，熔体在水平方向受压缩力作用，促使熔体在纵向不停地旋转流动，坩埚中心部分的熔体上升成驼峰状，如图 3-4 所示。熔体的电磁搅拌现象，有利于合金快速熔化和原子扩散，有利于熔体化学成分、温度的均匀和熔体中的夹杂物上浮。但过度搅拌也使熔炼不平稳，熔渣不易覆盖住熔体表面，并使熔体对炉衬的冲刷增强。实践表明，感应熔炼时，液面形成"驼峰"的高低与电磁力的大小成正比，而电磁力的大小又与电流频率的平方根成反比。因此，感应电炉的电流频率越高，电磁力就越小，熔体形成的"驼峰"也就越小。为了增强电磁搅拌作用，中频感应炉通常要求感应器的高度大于熔体高度，大容量的炉子常常还增设辅助电源搅拌。

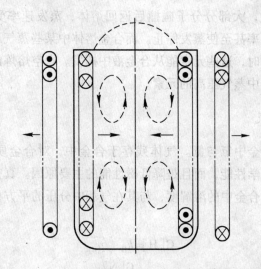

图 3-4　感应炉坩埚内熔体的运动

3.1.3　真空熔炼过程的特点

在学科分类时，真空感应熔炼列入真空冶金范畴。真空冶金区别于大气下的冶金过程，它需配备抽气系统和密封炉体。在大气条件下进行冶金，由于空气参与冶金过程的物理化学反应，从而限制了所能得到的冶金效果。诸如活泼金属易于氧化，合金成分难精确控制；金属熔池与空气作用，合金中有害气体（N、H、O）难去除；大气下熔炼抑制了挥发过程，不能去除低沸点有害元素。真空冶金使在常压下进行的物理化学反应条件发生了变化，体现在气相压力的降低上。如果冶金反应有气相参加，当反应生成物中气体物质的量大于反应物中气体物质的量时，只要减小系统的压力，则可使平衡反应向着增加气态物质方向移动，这就是真空冶金物理化学反应的基本特点。

3.1.3.1　合金元素控制

铝硅合金在惰性气体保护下熔炼。炉子装料和密封后，抽真空至 $1.33 \sim 1.33 \times 10^{-2}$ Pa，脱除炉料、炉衬和炉子内壁吸附的水分和气体，然后充入纯净氩气至 50kPa 左右，在氩气气氛下升温、熔炼和浇注。在高温真空条件下，氩气的保护作用主要在于：(1) 隔断了 N_2、O_2 等污染气体的进入；(2) 减少了合金元素的挥发损失；(3) 可不必使用高真空系统 ($1.33 \times 10^{-1} \sim 1.33 \times 10^{-5}$ Pa) 并缩短了抽真空的时间。

铝硅合金极易氧化和吸气，在真空条件下，液态合金不与大气中氧及氮接触，避免了合金氧化和吸气，因而能保证合金的成分、质量及其稳定性。在真空充氩气条件下，可有效地减少合金元素的挥发损失。铝硅合金在熔炼温度（1000~1300℃）下的蒸气压不到 1Pa，远小于氩气总压，使体系处于一般蒸发状态，其蒸发速度比沸腾蒸发和分子蒸发的速度要小得多。合金熔体内的蒸发组元到达熔体表面时由液相变为气相，蒸发分子与炉内大量的氩气分子相碰撞，大部分分子碰撞后返回熔体，蒸发速率受蒸气分子扩散速度控制，从而降低了蒸发速率甚至使蒸发停止。而合金熔体中某些蒸气压较高的元素，当其蒸气压高于真空室内压力时，这些元素能从合金液中挥发。真空熔炼的优点之一，就是可利用挥发去除金属或合金中蒸气压高的元素。

3.1.3.2　真空脱气

脱气主要指去除合金中氢与氮。气体残存于合金中，对合金质量带来一系列不利影响，不但降低合金的力学性能，而且是降低磁性能的主要原因。真空冶金脱除氢、氮气体的能力不同。氢和氮在合金中的溶解度，与其在气相中分压的平方根成正比，符合希维茨（Sieverts）定律：

$$C[H] = k_H \sqrt{p_{H_2}}$$

$$k_N = \frac{C[N]}{\sqrt{p_{N_2}}}$$

式中，$C[H]$、$C[N]$ 分别为氢、氮在合金中溶解度；p_{H_2}、p_{N_2} 分别为氢、氮的气相分压；k_H、k_N 为常数。在一定温度下，当合金液上方气相 p_{H_2}、p_{N_2} 很低时，则合金液中气体溶解度也随之降低。在真空充氩气条件下，系统中气体分压与预抽真空度和氩气纯度有关。如果炉子预抽真空至 1.33Pa，充入 50kPa 纯度为 99.99% 的氩气，在熔炼温度下氩气压达 1.01×10^5 Pa，则气体（O_2 和 N_2）分压约为 13.3Pa。如果系统中无氢源，则很容易将合金中 [H] 降至 0.0001% 以下。氮含量则有所不同，除了以 $p_{N_2} = 10$Pa 的条件按平方根定律溶于合金中，还以稳定的氮化物夹杂形式存在于合金中，因此真空脱氮比较困难。

3.1.3.3　夹杂物的防止

真空感应熔炼时，由于熔池表面低压条件和电磁搅拌作用，均有利于非金属夹杂物上浮，在熔池表面形成一层膜，通常称为氧化膜。如果这些氧化膜混入合金中，势必影响产品质量。

　　碳、氧、氮等杂质在合金中除形成间隙式固熔体外，其超过溶解度的部分形成夹杂物相存在，如 MeC_2、Me_2O_3、MeO、MeN 等。合金中夹杂物的去除，主要是通过夹杂物分解、低价氧化物挥发和碳与氧的结合（生成 CO）等途径实现的。在熔炼温度下，系统中 O_2 和 N_2 的分压值约 13.3Pa，远远大于该温度下夹杂物的分解压，即夹杂物处于稳定存在条件下，难以分解去除。因此，合金中夹杂物只能通过减少污染源的方法进行控制，如使用清洁的炉料、保持炉气的纯净、及时清理炉室和坩埚、精心操作等。

　　即使使用完全清洁或打磨掉表皮的合格炉料，在加料过程中也会引入灰尘。金属料的气孔、缩孔等孔洞中有氧化皮，金属料化学成分中杂质（如 C、S、P、Cl 等）超过要求，就会把杂质带入熔池。炉料应进行化学定量分析，以控制有害杂质含量，并经过表面清理才能使用。

　　熔池内合金液的氧化和吸氮是夹杂物的又一来源，因此必须控制炉子到预定的真空度和漏气速率，提高氩气纯度。氩气纯度决定了炉内 O_2、N_2 残余气体的分压，氩气纯度低，炉内 O_2、N_2 分压大，合金液氧化和吸氮就严重。目前市售氩气纯度一般可达 99.99%，如果循环使用则必须重新提纯处理。

3.1.3.4　真空坩埚反应

　　感应熔炼是在坩埚内进行的，在真空条件下坩埚材料与合金液强烈作用，成为合金的又一污染源，主要是由于坩埚受侵蚀、热冲击和坩埚寿命短引起的。近几年坩埚质量有了很大改进，但由于温度高、压力低，坩埚材料仍可能与熔池中活泼元素作用，使合金增氧。以感应炉常用石英坩埚为例，坩埚反应可表示为：

$$3/2SiO_2 + 2[Al] = [Al_2O_3] + 3/2[Si]$$

坩埚周围的氧化镁填充料还可能发生 $MgO + C = \{Mg\} + \{CO\}$ 反应，使炉衬受损害。耐火材料中铁、锰、硅等杂质含量高，会加速炉衬损害。坩埚反应带入合金液的金属量一般不超过 1%。因此，对于使用耐火材料的真空感应熔炼，要防止过度的坩埚反应，以控制合金中的氧含量。

学习任务 3.2　真空感应炉认知

　　目前国内制造的真空感应电炉型号有 ZG – 0.01、ZG – 0.025、ZG – 0.05 等，型号中 ZG 表示铸钢，数字表示装料容量，如 0.01 表示装料容量为 10kg。容量较大的炉子还有 100kg、150kg、200kg、250kg、500kg 等型号。真空感应电炉由电源输入系统、真空系统、感应电炉炉体和水冷却系统四部分组成，具有使用寿命长、操作方便、运行费用较低等优点，缺点是设备庞大昂贵、耗电量大和合金组织难控制。

3.2.1　电源输入系统

　　真空感应电炉电源功率的选择主要考虑提高生产率，通常选择范围在 300～500kW/t，炉子容量越小，选择电源时每单位炉容量的功率越大。电源频率的选择主要考虑熔池能得到充分的搅拌，频率越高，熔化速度越快，但电磁搅拌力也就越小。中小型炉子的电源频率一般在 1~4kHz 的中频范围，以利于精炼反应。为了加强搅拌，容量较大（>1t）的感应电炉设备有搅拌辅助电源。选择低电压输入有利于解决真空放电的绝缘问题。电源输入系统使用变频机组或可控硅中频电源。可控硅中频电源与控制柜做成一体，可控硅整流电路将工频电流变为直流，再用半导体功率器件将直流电转变为中频电流输出。它具有体积小、功率大、耐压高、耗能低、控制性能优良等特点，已广泛用作真空感应电炉的电源输入系统，且大大降低了炉子设备的造价。

3.2.2　真空系统

真空感应电炉真空系统的选择，首先应考虑熔炼室初抽时间和各闸阀隔离抽空所需的时间；还要考虑精炼期的气体排放量及真空度要求。通常熔炼室要求 15min 抽至 13.3Pa。气体排放包括由于真空密封不严引起的漏气、坩埚填充料、绝缘物等耐火材料放气，以及炉壁沉积的挥发物吸气后再放气。通常允许熔炼前熔炼室漏气与放气的总和达每千克炉容量 $5 \times 10^{-4} \sim 1 \times 10^{-3}$ L/s。小容量真空感应电炉通常配置旋片式机械泵－油扩散泵串联的真空机组，机械泵的极限真空度为 6.65×10^{-2} Pa，油扩散泵的极限真空度为 6.66×10^{-5} Pa。真空机组只能用于抽取较为洁净而无尘的气体，同时存在返油气问题，操作中必须满足油扩散泵的开启条件（入口压力小于 1.33×10^{-1} Pa），并注意对机组的冷却。

3.2.3　炉体

真空感应电炉的炉体结构已多样化，通常包括熔炼室、装料系统及辅助设备。

对容量不大于 500kg 的感应炉，熔炼室选择侧倾坩埚浇注的结构（图 3-5），感应器及坩埚与水冷铜铸模同处于炉室中，炉体与炉盖结合处用橡胶圈密封。现在发展了半连续式真空感应电炉，在炉体内或炉体外的旋转台上置多个铸模，可进行多次熔炼和浇注，最后排空出炉，以节约抽真空费用和惰性气体用量。对工业规模用大于 1t 的真空感应电炉，铸锭室与熔炼室分开，坩埚与铸模间经水平导流槽连通，可以连续熔炼和浇注，大大提高了设备利用率。

装料与辅助设备有加料装置、取样及捣料装置、真空闸阀及仪表、测温装置、水冷循环系统等。小型炉子采取打开炉盖直接手工装料的方法。大型炉子为了使熔炼室连续保持真空，在坩埚上方设置带有专用闸阀的加料机构，用底开式吊篮通过加料机构将块料直接送入坩埚。合金液体取样器通过一个小真空阀直接自熔池内取样，或通过加料装置自熔池取样。温度是冶炼工艺的重要参数，若使用辐射光学高温计测量，应及时清除观察孔玻璃上的挥发物。更准确的方法是用浸入式热电偶测温，它可以通过专门真空阀送入。

3.2.4　水冷却系统

水冷却系统是中频感应电炉装置的关键部分。在整个设备运行时，由于中频汇流铜排、水冷电缆、感应器、电抗器和中频电源中承载大电流元件的载荷损耗，从而会产生很

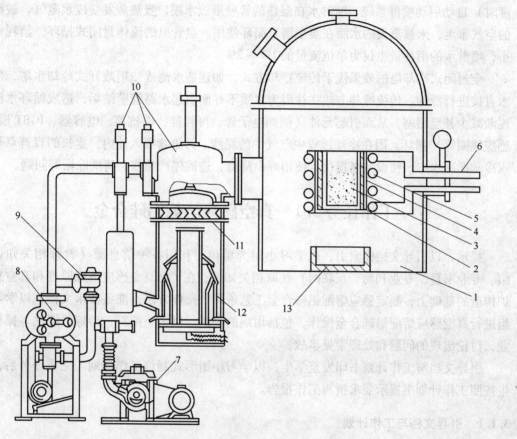

图 3-5　小容量真空感应电炉炉体

1—真空室；2—坩埚；3—炉料；4—填充料；5—感应圈；6—冷却水管；7—机械泵；
8—罗茨泵；9，10—真空闸阀；11—挡油板；12—油扩散泵；13—水冷铸模

多热量。感应圈电阻引发的热量约占电炉额定功率的 20% 左右，炉料也向感应圈传递相当多的热量，因此必须要有一套可靠的水冷却装置来带走这些热量，以保障整个系统的正常运行。

真空感应电炉的冷却系统主要有冷却电源和炉体两大部分，一般采用互相独立的两套冷却装置，以避免互相影响。电源部分包括电源柜内各个电源器件和电力电热电容组，由精密电器元器件组成。冷却水管道较细，为了防止管内结垢堵塞，一般使用软化水或者纯净水，出水温度要控制在 55℃ 以内。电炉感应线圈的冷却水温度可以略高，这样反而能够提高电炉的热效率，同时减小冷却装置的体积，进而减低造价。

水冷却系统分为冷却水塔封闭式循环、冷却水塔敞开式循环和热交换器双重冷却系统等几种类型。

全封闭水冷却系统由冷却塔主机，以及主泵、不锈钢水箱、电控箱、温度控制、压力控制等冷却塔控制系统辅机组成。循环水在闭式冷却塔的盘管中循环，流体热量被盘管的管壁吸收后，通过顶部的风机把管壁的热排出机外。当循环水温度较高时（超过设定的温

度时）自动启动喷淋系统，喷淋水在湿热的管壁形成水膜，吸热蒸发变成水蒸气，被流动的空气带走，未被蒸发的水滴在集水槽里循环使用。盘管里的流体封闭式循环，消耗量极小，喷淋水的消耗量也仅为单位流量的 1% ~ 2%。

全封闭式冷却塔的效果优于传统冷却方式，如建造水池或使用敞开式冷却水塔，用硬水直接进行冷却。传统冷却方式往往因为水质不好而引起水路管壁结垢，造成循环水流量逐渐减少甚至堵塞，从而引起元件（例如电子管、可控硅、电抗器、电容器、IGBT 模块、感应线圈等）损坏。因在冷却过程中空气中的泥沙、污染物吸入池内，生长的青苔草等进入冷却循环水中，使设备老损快，使用寿命降低，造成停产整修、清洗除垢等问题。

工作任务 3.1　真空感应熔炼铝硅合金

提示：以引导文档作索引，以学习小组为单位，利用各种信息源（教师相关知识介绍、专业书籍、专业刊物、互联网）获取相关知识；在了解真空感应熔炼原理和真空感应炉构造的基础上，制定感应熔配铝硅合金工艺条件、操作方法，准备技术文档；以学习小组进行真空感应熔配铝硅合金操作，包括坩埚的砌筑、烘干、配料、熔炼、浇注等操作作业，讨论出现的问题和处理常见事故。

引导文档与工作计划书印发至学生，以学习小组形式制订工作计划。完成任务后，学生按照工作计划书提示要求撰写工作报告。

3.1.1　引导文档与工作计划

学习情境 3	工作任务 3.1		教学时间
铝硅合金熔炼	真空感应熔炼铝硅合金		
授课班级	小组成员		

任务描述　根据真空感应熔炼原理和真空感应炉构造，确定熔配铝硅合金工艺条件和操作规范、注意事项；小组进行熔配铝硅合金操作，在此过程中学习相关理论知识与实际操作技能

项目	引 导 文 档	工 作 计 划 书
资讯	1. 教师提出工作任务，讲解真空感应熔炼原理、真空感应炉构造、工艺条件确定方法以及相关知识； 2. 学生通过咨询工艺人员（教师扮演）了解真空感应熔炼工艺及操作方法； 3. 通过查阅资料、教材以及视频资料进行任务分析	1. 真空感应熔炼的原理是什么？ 2. 真空感应炉设备包括哪几个主要部分，各部分设备的特点及功能是什么？ 3. 真空感应炉的坩埚分类及坩埚砌筑或安装要领是什么？ 4. 绘制真空炉冷却水系统图； 5. 检查设备运转是否正常？

项目	引 导 文 档	工作计划书
决策	1. 学生分组，确定工作任务； 2. 教师回答学生提出的问题； 3. 根据各组对应的工作任务，给出参考建议	1. 明确小组分工任务； 2. 根据任务书的要求，确定合适的方案； 3. 选择原材料、块度、配比
计划	1. 以小组讨论的方式，制订真空熔炼任务的工作计划； 2. 将制订的工作计划与教师讨论并定稿	1. 根据铝硅合金相图确定熔配的合金成分和熔炼温度； 2. 确定坩埚砌筑和烘干方法、浇注方法； 3. 编写熔炼实施步骤、工艺规范、操作注意事项； 4. 分析熔炼过程中可能出现的问题和事故，编制事故处置预案
实施	1. 教师监控学生是否按时完成工作任务； 2. 学生进行正确的熔炼操作； 3. 培养学生现场"5S"管理及团队合作意识	1. 按照熔炼工艺条件和操作规范进行熔配铝硅合金操作； 2. 完成真空感应熔炼过程记录； 3. 及时解决和排除熔炼过程中出现的问题和事故
检查	1. 学生对完成的任务进行自我评价； 2. 教师指出学生操作过程中的不当之处，并进行正确操作的演示	1. 小组检验铝硅合金成分； 2. 分析熔炼工艺参数，估算电效率和热效率； 3. 根据任务要求对工作过程与结果进行小组自查与小组互查
评估	1. 评价工作过程，并提出改进意见； 2. 根据学生的工作计划书，教师与学生进行专业对话，巩固所学知识，并考核学生对本任务知识与技能的掌握； 3. 设置故障，分析排除	1. 你在任务实施过程中遇到哪些问题，如何解决的？ 2. 你是如何评价你的小组成员？（从操作技能、问题解决、沟通协调等几个方面评价）

3.1.2　熔炼铝硅合金

本项目真空感应熔炼铝硅合金的目的，一是熔配铝硅合金，进行对比试验；二是重熔电解质中回收的电解铝硅合金。为了确保熔炼合金的成分准确，不仅原材料选择要恰当，而且要通过一定的处理使其洁净。在配料时要考虑合金元素在熔炼过程中的变化，设计合理的配方，并在实际工艺中加以调整。为了去除气体和杂质元素，在熔炼时要有充分的电磁搅拌，并应提高精炼温度和在较低温度缓慢冷却，以获得便于分离硅的铸锭。

3.1.2.1　原材料选择

原材料选择是保证合金设计成分的关键，尤其是原材料的纯净度和均匀度将直接影响合金的纯度，因此原材料的选择必须恰当。要求原材料成分符合技术要求，对每一批进料除要求供货方有质量合格证外，还要抽样进行化学定量分析，控制原材料带入的有害杂质。三种主要原材料见表 3 -2。冶金硅中主要杂质及其在冶金级硅和太阳能级硅中含量见表 3 -3。

表 3 -2　熔炼铝硅合金所需的原材料

名　称	符　号	牌　号	纯　度
电解铝	Al	一级品 二级品	≥99% ≥98%
工业硅 电解铝硅合金	Si Al – Si		≥99.3%

表 3 -3　冶金硅中主要杂质及其在冶金级硅和太阳能级硅中含量 （×10⁻⁶）

项目	B	P	Fe	Al	Ca	Ti	C	O
冶金级硅	5 ~ 10	25 ~ 30	1000 ~ 1500	600 ~ 800	100 ~ 600	150 ~ 200	150 ~ 200	—
太阳能级硅	0.1 ~ 0.3	<0.1	<0.1	<0.1	<0.1	<0.1	<5	<6

3.1.2.2　原材料处理及配料

原材料表面应光洁、无锈蚀、有光泽，电解金属铝锭表面的氧化层要用稀酸清除。原材料的保存要避免与水、油及其他污染物接触。原材料的块度与熔炼方法和装炉量有关，应按要求用机械方法剪切成块状。

熔炼铝硅合金的配料计算及称量均应准确。配料计算时，将设计合金的各个元素的质量分数除以原材料的纯度得到各种原材料的实际用量。例如，熔炼配制 50% Si 的铝硅合金的配料计算如下：

铝的质量分数：$w(Al) = 50\%$

硅的质量分数：$w(Si) = 50\%$

如果选用的原材料为：金属铝 $w(Al) \geq 99.5\%$，工业硅 $w(Si) \geq 98.5\%$，则配制 10kg 炉料需加入：

金属铝：$5/0.995 = 5.025kg$

工业硅：$5/0.985 = 5.076kg$

实际配料时，称量误差要求小于 0.1%。还要考虑元素挥发、氧化、形成多相微结构等因素，适当增加铝元素的加入量 3% ~ 5%。熔炼获得合金后，经化学分析确定其成分是否符合要求。若偏离要求，则根据这些数据调整加料配比。

3.1.2.3　坩埚的选择和准备

真空感应电炉熔炼通常为有坩埚法熔炼。用于熔炼铝硅合金的坩埚，要求其化学成分稳定，能耐高温，不与合金反应，抗热震性好。熔炼铝硅合金通常选用刚玉、石墨、石英等标准坩埚。容量 25kg 左右的小型真空感应电炉，最好选用预先烧结好或加工好的标准坩埚。可以自捣坩埚，但所花的时间和劳力在成本上是不合算的。

坩埚的准备过程示意于图 3 - 6。感应线圈用方形或圆形紫铜管绕制，管内可通冷却水。线圈匝与匝之间有一定距离，并用绝缘支架隔离，以防止短路打火。制作坩埚时，先将感应线圈用木块垫平，在坩埚底部平铺 10mm 厚的石棉水泥板，然后在感应线圈内周及底部衬玻璃丝布作绝缘层。炉衬用 - 0.5mm 的电熔镁砂捣制，为了提高捣制料的结合性能，需加入 2% ~ 5% 的黏结剂，如掺入硼酸等。电熔镁砂预先用磁选方法除去铁磁性物质，掺入硼酸并进行充分混合。坩埚底部的填充料分两层打结，每层厚 20 ~ 30mm。底部填充料打结好后，将标准坩埚放入并固定位置，在坩埚外侧间隙内填充电熔镁砂并捣实。封口处用水玻璃作黏结剂进行湿打结，并用水玻璃涂抹表面。捣制时应注意坩埚熔池与感应线圈的加热区相匹配，且浇口位置要便于浇注。

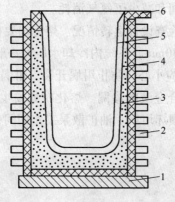

图 3 - 6　坩埚准备示意图

1—石棉板；2—感应线圈；3—玻璃丝布；4—填充料；5—预制坩埚；6—浇口

打结好的坩埚用石墨棒芯作发热体，若为石墨坩埚其自身即可作发热体。给炉子通电进行感应加热，在 600 ~ 1600℃ 温度范围内烧结 4 ~ 5h，然后降温到 1100℃ 左右取出发热体。新坩埚还应用旧炉料洗炉，使坩埚表面烧结一层致密层，以减少金属液与坩埚的化学反应。

3.1.2.4　真空感应熔炼操作

真空感应熔炼操作包括装料、熔化、精炼、浇注四步工序。在操作程序上大致可分为装料、关闭真空室、抽气、加热、充氩气、熔化、精炼、保温、浇注、冷却、出炉、清炉等步骤。

装料时要把炉料码放整齐，要求料块尺寸大小基本一致，质量在 50~500g 之间。小容量炉子可一次装入全部炉料，熔点高的金属装在坩埚下部，如熔炼铝硅合金时，工业硅装在坩埚下部，金属铝放在上部。

装料后密封炉体，抽真空到 1.3×10^{-2} Pa。如果真空度达不到要求，可用氩气洗炉两次，以便把残余空气带出。然后送电预热炉料，以排除炉料吸附的气体、有机物、油渍等，此时炉内真空度下降。待真空度再次达到 10^{-2} Pa 后，停止抽真空并充入高纯氩气（$w(Ar) \geqslant 99.99\%$），使炉内氩气压达到 50kPa 左右。

预热一段时间后，逐步加大输入功率，使炉料均匀加热以防止搭桥。当金属铝熔化下沉，高熔点硅开始熔化时，加大功率送电使炉料迅速熔化。待炉料熔清后，稍降功率开始精炼，此时保温 3~5min，称为静定。然后再加大功率升温精炼 2min，以加强电磁搅拌，保证合金成分均匀。必要时电磁搅拌可反复多次。

精炼结束后，降低送电功率，待熔体不再翻动时停止送电。熔体稍加冷却后进行浇注，浇注温度一般不超过合金熔点 200℃，并应适当减小这一过热温度。小容量炉子可倾转坩埚将合金熔体注入水冷铜结晶器中，强制冷却得到片形柱状晶组织的铸锭。浇注后不应立即破坏真空，以避免红热合金及坩埚壁附着的金属氧化。经过适当时间冷却后，将空气充入真空室，打开炉盖取出合金锭。对于设置多个铸模的炉子，可几次熔炼和浇注后一次出炉，从而节省了抽真空时间和减少了氩气消耗。

在熔炼过程中，必须认真检查设备运转情况。熔炼前要检查冷却水是否接通；炉子停止工作后，还应继续通水冷却 30min。系统内冷却水压力一般限制在 200kPa 以内，出水温度控制在 50℃ 以下。熔炼操作应小心，防止坩埚开裂。坩埚一旦开裂，坩埚壁内的气体可能会进入合金液中，甚至造成合金液的渗漏。熔化时如发生炉料搭桥，应停炉重新装料，禁止盲目加大功率送电，以免损坏坩埚。油扩散泵工作期间，不应破坏炉内真空，以防止扩散泵油倒流引起合金氧化。

3.1.3　真空感应炉操作规程

3.1.3.1　真空系统操作

开操作：

（1）开水泵，观察各路回水是否通畅，如没有水则欠水压指示灯红灯亮；

（2）合墙壁上的短路器，真空控制部分有电，SR93 控温表有显示；

（3）开机械泵组，机械泵开指示灯亮，叶片泵、罗茨泵启动；

（4）开 1 号阀，观察炉盖上的真空压力表到 -0.1MPa；

（5）开真空计电源开关，真空计复合、灯丝指示灯亮，关闭复合热偶 2，显示炉内真空度；

（6）开扩散泵，加热 50min 才能正常工作；

（7）开 3 号阀，在炉体抽真空的同时也对扩散泵抽真空；

（8）扩散泵加热 50min 后，关 1 号阀，开 2 号阀，进入高真空状态；

（9）当热偶 2 的显示在 0.6～0.1Pa 之间时就可以打开灯丝开关，热偶 2 转换电离，这时真空计才能显示炉内高真空。

关操作：

（1）关闭扩散泵，扩散泵指示灯关闭；

（2）关闭 2 号阀，对扩散泵抽真空 30min，把扩散泵的余热抽走，关闭真空计电流；

（3）在关扩散泵 30min 后关闭 3 号阀；

（4）关闭机械泵组，机械泵组指示灯关闭；

（5）停真空系统电源；

（6）在关闭机械泵 1.5h 后停水泵。

出炉后如设备不再使用，必须将炉体抽真空，让设备在真空状态下存放。

3.1.3.2　感应圈送电操作

送电前，先检查冷却水是否符合水压要求，否则无法运行。

启动过程：

（1）先按控制电路合按钮；

（2）合空气开关（先压后提）；

（3）按逆变电路合按钮；

（4）调节电位器（顺时针），达到所需功率。

停止过程：

（1）先把电位器逆时针调到零位；

（2）按逆变电路停按钮；

（3）按主回路停按钮；

（4）按控制电路分按钮，即可停止设备。

角度调整：

要使可控硅电源稳定可靠地运行，必须使角度（中频电压表指示/直流电压表指示）维持在 1.2～1.5 之间，最好在 1.3～1.4 之间。它由柜内电流信号和电压信号调节。

3.1.3.3　开炉操作

（1）开炉前应通知中频电源操作人员启动机组，同时应检查炉体、冷却系统、中频电源开关、倾炉机械等是否正常。如有问题应先排除，解决问题后才能开炉。

（2）在中频机组启动完毕之后，方可送电开炉。

（3）开炉时，需先将炉料放入炉膛，开放冷却水后，才能合上中频电源开关。停炉时，断开中频电源后，方可通知中频机组停机。冷却水应继续保持 5～8h。

（4）炉料中不得混有密闭容器、管子或者其他易爆炸物。炉料必须干燥，不带水或者冰、雪块。装填炉料时，不允许用锤子猛打，应轻放、轻敲以免损坏炉膛。炉膛烧损减薄量超过规定时，应停炉修理。

（5）工具应放在指定地点，使用时应先烘烤干燥。

（6）倾侧炉体将金属液注入模具时应先停电，然后操纵机械缓慢倾注。模具必须经过烘烤干燥。

（7）电气线路有故障时应及时检修。检查地沟、感应圈、冷却水管和其他电器时，要注意防止自身及其他人员触电。

（8）发现停水、漏炉、感应圈绝缘层破裂和漏水时，应立即停炉检修。

（9）停炉后必须切断电源总开关，关闭水阀门后方可离去。

3.1.4　真空感应炉安全操作注意事项及事故处理方法

3.1.4.1　真空感应电炉的保护装置

有关真空感应电炉的主要保护内容、设置原因及方法叙述如下：

（1）冷却水水温过高。当冷却水的出水温度超过所规定的允许值时，容易引起水垢，甚至使水气化，产生事故。因此在各条水冷管道出口处，可装有带电水温计。任一条冷却水路出口处水温超过允许值时，发出报警信号。

（2）冷却水水压降低。当冷却水的水压低于所要求的数值时，将破坏冷却条件。在冷却水总进水管道上，装有带电接点水压表。当水压下降到允许值以下时，发出警报信号并切除感应器供电回路。

（3）过电流、短路保护。安装差动保护过电流继电器，当主回路发生过电流及短路事故时，切断主电路，并发出报警信号。

（4）欠电压保护。在主电路合闸接触器前面，接有欠电压继电器。当主电路断电后，使主电路合闸接触器自动跳开，并有事故信号指示。下次来电时，重新合闸。

（5）C 相断相保护。在平衡装置出线端，装有 C 相断相保护继电器。当 C 相断电后，立即切除主回路，并有信号指示，以防止在平衡电抗和平衡电容回路中产生谐振电流，将平衡电抗器和电容器烧坏。

（6）限制主回路合闸。在真空感应电炉中，并联有大量的补偿电容器与平衡电容器，合闸时会产生很大的冲击电流的保护电流。因此，主回路分两次合闸。先合上带有电阻的启动接触器，再合上工作接触器。

（7）电容器内部过电流保护。工频 3000V 以下移相电容器及中频电热电容器，在内部均接有过电流熔断器保护，当任一组电容器产生故障时，自动切除该组。

（8）坩埚漏炉及主电路接地保护。装有坩埚报警装置。当坩埚漏炉或主电路接地时切除电源，并发出警报信号。

（9）过电压保护。在变压器次级安装过电压吸收器，防止操作过电压，变压器一、二次侧击穿及由于雷击引起的过电压。

（10）电容器放电保护。主回路停电后，为安全起见，电容器必须放电。电容器通过负载自动泄放，可变电容器自动放入接电电阻回路，进行放电。

3.1.4.2 安全操作注意事项

开炉前准备工作：

（1）检查炉衬，炉衬厚度（不包括石棉板）经磨损后小于 65~80mm 时，必须修炉；

（2）检查坩埚有无裂缝，若有 3mm 以上的裂缝，要填入炉衬材料进行修补；

（3）确保冷却水畅通。

加料须知：

（1）检查炉料块是否实放到炉底；

（2）不得放入潮湿的炉料。实在不得已时，投入干的炉料后，将湿的材料放在它的上面，采用熔化前靠炉内热量干燥的方法使水分蒸发；

（3）切屑料应尽量放在出炉后的残留熔体上，一次投入量为炉料量的十分之一以下，而且必须均匀投入；

（4）不要加入管状或中空的炉料，由于其中的空气受热急剧膨胀，有引发爆炸的危险；

（5）连续加料时，要在前次投入的炉料没有熔化完之前，投入下一次炉料；

（6）如果使用锈蚀和附砂多的炉料，或者一次加入冷料过多，则容易发生"搭桥"，必须经常检查液面，避免"搭桥"。若发生"搭桥"时，下部的熔体就会过热，引起下部炉衬的侵蚀，甚至渗漏熔体。

3.1.4.3 事故处理方法

事故是难以预料的。对突然发生的非常事故，要沉着、冷静、正确地处理，尽量避免事故扩大，缩小影响范围。因此，要熟识感应电炉可能产生的事故以及正确的处理方法。

（1）停电。由于供电网路的过电流、接地等事故，或感应炉体本身事故引起感应炉停电。当控制回路与主回路接于同一电源时，则控制回路水泵也停止工作。

若停电事故能在短时内恢复，停电时间不超过 10min，则不需要动用备用水源，只要等待继续通电即可。但此时备用水源要做好投入运行的准备。万一停电时间过长，超过 10min 以上，感应炉可立即接通备用水源冷却。

由于停电，感应线圈的供水停止，从熔体传导出来的热量很大，感应线圈中的水就可能变成蒸汽，破坏感应线圈冷却，与感应线圈相接的胶管和感应线圈的绝缘就可能都被烧坏。因此对长时间停电，感应器可转向用工业用水或高位备用水箱冷却。因炉子处于停电状态，所以感应线圈通水量为通电熔炼时的 1/3~1/4 即可。

停电时间在 1h 以上，对于小容量的炉子，熔体有可能发生凝固。最好在熔体还具有流动性时，倾炉将其倒出。如果残留熔体在坩埚内凝固，则应设法破坏其表面结壳层，打一孔通向其内部，便于再次熔化时排除气体，防止气体膨胀而引起爆炸事故。

冷炉料在熔化期间发生停电，炉料还没有完全熔化则不必倾炉，继续通水，等待下次通电时间再起熔。

（2）漏熔液。漏熔液事故容易造成设备损坏，甚至危及人身安全，因此平时要尽量做好炉子的维护与保养工作，以免发生漏熔液事故。当警报装置的警铃响时，立即切除电源，巡察炉体周围，检查熔液是否漏出。若有漏出，立即倾炉，把熔液倒完。如果没有漏出，则按照漏炉报警检查程序进行检查和处理。如果确认熔液从炉衬中漏出碰到电极引起报警，则要把熔液倒完，修补炉衬，或重新筑炉。

漏熔液是由于炉衬的损坏造成的。炉衬的厚度越薄，电效率越高，熔化速度越快。当打结炉衬的厚度磨损至小于 65mm 时，这时炉衬几乎都是坚硬的烧结层和过渡层，没有松散层，炉衬稍受急冷急热就会产生细小裂缝。该裂缝能将整个炉衬内部裂透，容易使熔液漏出。对不合理的筑炉、烘烤、烧结的方法，或选用炉衬材料不当，在熔化的头几炉就会产生漏炉。

(3) 冷却水事故。

1) 冷却水温度过高，一般由于下列原因产生：一是感应器冷却水管有异物堵塞，水的流量减小，这时需要停电，用压缩空气吹水管除去异物。二是感应线圈冷却水道有水垢，根据冷却水水质的情况，必须每隔 1 ~ 2 年酸洗水垢。

2) 感应器水管突然漏水。漏水原因大多是感应器对磁轭或周围固定支架的绝缘击穿所致。当发生此事故时，应立即停电，加固击穿处的绝缘，并用环氧树脂或其他绝缘胶等把漏水处表面封住，降低电压使用。把这炉料熔化、倒完后再进行炉子修理。若感应线圈水道大面积被击穿，无法用环氧树脂等临时封补缺口，只得停炉、倒完熔液后进行修理。

工作任务 3.2　真空感应精炼多晶硅

提示：以引导文档作索引，以学习小组为单位，利用各种信息源（教师相关知识、专业书籍、专业刊物、互联网）获取相关知识；在了解真空感应精炼硅原理的基础上，制定真空感应精炼提纯硅的工艺条件、操作方法，准备技术文档；以学习小组进行真空感应精炼提纯硅操作，讨论出现的问题和处理常见事故。

引导文档与工作计划书印发至学生，以学习小组形式制订工作计划。完成任务后，学生按照工作计划书提示要求撰写工作报告。

3.2.1　引导文档与工作计划

学习情境 3		工作任务 3.2	教学时间
铝硅合金熔炼		真空感应精炼多晶硅	
授课班级	小组成员		

任务描述　根据真空感应精炼多晶硅原理，确定真空感应多晶硅工艺条件和操作规范、注意事项；小组进行真空感应提纯硅操作，在此过程中学习相关理论知识与实际操作技能

续表

项目	引 导 文 档	工作计划书
资讯	1. 教师提出工作任务，讲解真空感应提纯硅原理、工艺条件确定方法以及相关知识； 2. 通过查阅资料、教材以及视频资料进行任务分析	1. 真空感应精炼多晶硅的原理是什么？ 2. 真空感应炉精炼硅工艺使用何种坩埚，坩埚的砌筑或安装要领是什么？ 3. 检查设备机械、电气部分运转是否正常
决策	1. 学生分组，确定工作任务； 2. 教师回答学生提出的问题； 3. 根据各组对应的工作任务，给出参考建议	1. 明确小组分工任务； 2. 根据任务书的要求，确定合适的方案； 3. 选择原材料、块度
计划	1. 以小组讨论的方式，制订真空感应精炼硅的工作计划； 2. 将制订的工作计划与教师讨论并定稿	1. 根据杂质在硅中的分凝效应确定精炼温度和时间； 2. 确定坩埚砌筑和烘干方法、浇注方法； 3. 编写精炼实施步骤、工艺规范、操作注意事项； 4. 分析精炼过程中可能出现的问题和事故，编制事故处置预案
实施	1. 教师监控学生是否按时完成工作任务； 2. 学生进行正确的精炼操作； 3. 培养学生现场"5S"管理及团队合作意识	1. 按照精炼工艺条件和操作规范进行精炼硅操作； 2. 完成真空感应精炼过程记录； 3. 及时解决和排除精炼过程中出现的问题和事故
检查	1. 学生对完成的任务进行自我评价； 2. 教师指出学生操作过程中的不当之处，并进行正确操作的演示	1. 小组检验多晶硅成分； 2. 分析精炼工艺参数，估算电效率和热效率； 3. 根据任务要求对工作过程与结果进行小组自查与小组互查
评估	1. 评价工作过程，并提出改进意见； 2. 根据学生的工作计划书，教师与学生进行专业对话，巩固所学知识，并考核学生对本任务知识与技能的掌握； 3. 设置故障，分析排除	1. 你在任务实施过程中遇到哪些问题，如何解决的？ 2. 你是如何评价你的小组成员？（从操作技能、问题解决、沟通协调等几个方面评价）

3.2.2　真空感应精炼提纯多晶硅

真空感应精炼是冶金法提纯多晶硅中的一种重要的提纯手段，目前已经在很多研究中出现。早在 20 世纪 90 年代，Yuge 等就研究了在真空感应精炼条件下，P、Al、Ca 杂质的蒸发行为，当真空度在 $8.0 \times 10^{-3} \sim 3.6 \times 10^{-2}$ Pa，温度在 1722 ~ 1915K 时，P、Ca 浓度可降低到 0.1×10^{-4}% 以下。Jang 等人研究了多晶硅真空感应精炼过程中熔炼坩埚的选择问题，水冷金属坩埚导热性好，热量流失较大，能量转换效率太低。硅材料本身是弱导电材料，在低温下不能产生感应涡流，所以可采用石墨坩埚作感应器，硅料吸收石墨坩埚放出的热量而熔化。但是硅料直接接触石墨坩埚会造成碳污染，而石英坩埚能避免碳污染，因而常在石墨坩埚中放置石英坩埚承接硅料。

3.2.2.1　真空精炼原理

所谓真空精炼法，是指在高温高真空环境下，利用杂质元素和基体金属两者的饱和蒸气压相差较大的特性，使饱和蒸气压大的元素形成气体先挥发，留下饱和蒸气压较小的元素，从而实现杂质和基体相分离。硅中杂质的去除率与其饱和蒸气压有密切的关系，当杂质和基体的饱和蒸气压相近时，很容易在除杂的过程中导致基体元素的流失。只有杂质和基体两者的饱和蒸气压相差较大，在保证基体蒸发损失很少的情况下，才考虑用真空去除其中饱和蒸气压高的杂质。硅中 P、Al、Na、Mg、Ca、S、Cl 等杂质的饱和蒸气压均比同等温度下硅的饱和蒸气压大很多，在高温真空环境中更易以挥发性气体的形式从硅熔体表面挥发，脱离炉体，达到净化目的。

热力学研究表明，假设物质的蒸发热为常数时，其蒸气压与温度的关系可表示为：

$$\lg p = -A/T + B$$

式中，$A = L/2.303R$，L 为蒸发热；$B = \Delta S_f/2.303R$，ΔS_f 为沸点时的蒸发熵，并有 $L = T_f \times \Delta S_f$。

因此，当杂质的饱和蒸气压与待提纯金属的差别越大，即或蒸发热、沸点之间的差别越大，越能有效地除去。在不同熔炼温度条件下，各元素的饱和蒸气压是不同的。硅熔体中各元素的饱和蒸气压也可根据如下经验公式计算，各参数的具体数值见表 3-4。

$$\lg p = -AT^{-1} + B\lg T + CT + D$$

表 3-4　纯物质态下杂质元素的饱和蒸气压参数

元　素	A	B	C	D
Si	20900	-5.565	—	12.905
P	2740	9.965	—	—
B	29000	-1.0	—	13.0
Al	16380	-1.0	—	14.445
Ca	8920	-1.39	—	14.575

元　素	A	B	C	D
Fe	19710	- 1. 27	—	15. 395
Ti	23200	- 0. 66	—	13. 865

在多晶硅真空感应熔炼过程中，合金元素的挥发过程包括以下几个阶段：

（1）元素从金属熔体内通过液相边界层迁移到金属熔体表面；

（2）在金属熔体表面发生从液相转变为气相的气化反应过程；

（3）挥发元素通过气相边界层扩散到气相中去。

在多晶硅真空熔炼过程中，一些杂质，例如 P、Ca、Al、Mg 等元素的饱和蒸气压远远高于在同一温度下的硅的饱和蒸气压，这些杂质是硅中主要的易挥发杂质，所以可通过比较这些杂质在熔体内的传质系数和表面挥发速率常数的大小，来判断它们在挥发过程的控制环节。

3.2.2.2　真空感应精炼实验

大连理工大学采用真空感应精炼多晶硅，实验设备如图 3 - 7 所示。实验所用原料是纯度为 99.873% 的冶金级硅料，其中磷的质量分数为 $1.11 \times 10^{-2}\%$。实验前取 6kg 硅料，用去离子水洗净，在 150℃ 烘干后放入内直径为 19cm 的高纯石英坩埚内，并按照图 3 - 7 的组装方式放入感应炉内。关闭炉盖，通过机械泵、罗茨泵抽取真空至 0.1Pa，启动中频电源，进行感应加热。

硅料在升温到熔化阶段根据硅料受热方式的不同可分为两个主要步骤。由于硅料在低

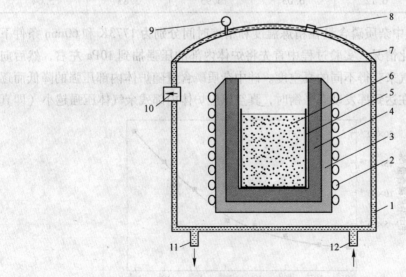

图 3 - 7　真空感应炉结构示意图

1—水冷炉壳；2—感应器；3—保温层；4—石墨坩埚；5—石英坩埚；6—硅熔体；7—水冷炉盖；

8—耐热玻璃窗；9—压力计；10—真空管道；11—出水口；12—进水口

温下是不良导体，不能直接感应加热，所以在硅料升温的初始阶段，硅料所吸收的热量主要来自石墨坩埚感应放出的热量，这种加热方式也称为非直接加热方式；当硅料在持续加热过程中，温度一旦上升到某一较高温度时，硅料的加热方式就变为直接感应加热方式。这主要是因为在 800℃ 以上时，硅料的导电性会突然增大，由之前的不良导体变为具有良好导电性能的导体，这样硅料在感应线圈中不但有石墨坩埚的热传导加热作用，而且还有其自身的感应加热作用，大大提高了硅料的升温熔化速率。

当硅料完全熔化后，调整功率使硅料在 1723K 保温 1.5h，然后开启拉锭系统进行定向凝固。待硅液全部凝固以后关闭电源，炉冷至室温后取出硅锭。

3.2.2.3　真空感应熔炼对多晶硅铸锭中磷杂质浓度的影响

从硅的熔化（1685K）到保温阶段，磷、铝、钙等杂质和硅的蒸气压相差很大（见表 3-5）。杂质和基体的蒸气压相差大，在基体蒸发损失很少的条件下，可以很好地去除其中蒸气压高的杂质。在实验过程中，硅熔体从完全熔化到完全结晶，在高温下（>1600K）经历了很长时间（>12h），特别是在 1723K 左右，真空度为 0.1Pa 的条件下保温 1.5h，杂质在硅熔体中的饱和蒸气压远远大于实验真空条件 0.1Pa，所以应充分考虑到这些杂质在硅熔体中的蒸发行为，并可以磷代表铝和钙的蒸发行为。

表 3-5　杂质和硅的蒸气压比

温度/K	1685	1700	1723	1753	1823
$\log(p_P/p_{Si})$	2.15	2.26	2.26	2.26	2.26
$\log(p_{Al}/p_{Si})$	2.81	2.78	2.75	2.71	2.63
$\log(p_{Ca}/p_{Si})$	6.12	6.05	5.95	5.83	5.64

图 3-8 所示为硅中杂质磷含量在精炼温度和精炼时间分别为 1773K 和 60min 条件下随炉体内部压强的变化情况。实验过程中首先将炉体内部的压强抽到 10Pa 左右，然后向炉体内部通入高纯氩气来获得不同的真空度。硅中杂质磷含量随炉体内部压强的降低而逐渐降低，也就是说，在达到挥发动态平衡时，真空感应炉体内部残余气体压强越小（即真

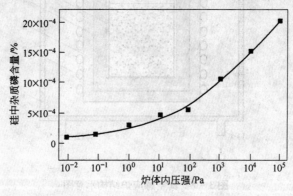

图 3-8　炉内压强对硅中磷含量的影响

空度越高），硅中磷的含量越低。

图 3-9 给出了当炉内压强为 5×10^{-2}Pa，精炼温度为 1723K 条件下硅中磷含量随精炼时间的变化。硅中磷杂质含量随着精炼时间的增加而降低。因为硅中的杂质磷在挥发的过程中需要从硅熔体内通过液相边界层迁移到硅熔体表面，然后在硅熔体表面发生从液相转变为气相的气化反应过程。最后挥发元素还需要通过气相边界层扩散到气相中去。由于电磁感应熔炼过程中硅液被剧烈地搅拌，从而使硅熔体的自由表面不断地被更新，因而杂质元素在液相边界层中的扩散得到了充分地提高。由于在整个熔炼过程中熔炼室的压强为 5×10^{-2}Pa，因此可以认为自由蒸发是磷挥发速率的控制环节。

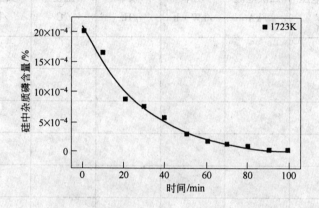

图 3-9　精炼时间对硅中磷含量的影响

图 3-10 给出了精炼温度对硅中磷含量的影响。在其他精炼条件保持不变的情况下，硅中磷杂质含量随着精炼温度的增加而降低。磷杂质元素在硅熔体表面自由挥发的过程，随着温度的提高，反应的吉布斯自由能是升高的，所以有利于磷杂质元素的挥发，但是磷杂质含量降低趋势并不明显。可见在感应熔炼过程中，过高的精炼温度并不能大幅度地提高杂质的去除效果。为了降低能源消耗，选择较低的精炼温度即可。

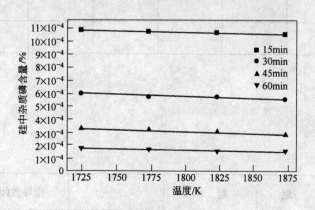

图 3-10　精炼温度对硅中磷含量的影响

附　录

真空感应熔炼铝硅合金或多晶硅操作记录

时　间	20　　年　　月　　日　　　时至　　　　时						备　注
	二次电压 /V	二次电流 /kA	功率 /kW·h	频率 /Hz	温度 /℃	真空度 /Pa	
交接班记录（机械、电气设备完好情况）							
组别	第　　组		组　长			指导教师	
签名							

注：正常熔炼情况下每 5min 记录一次数据；交接班时组长负责核对数据及签名。

内蒙古机电职业技术学院试卷 A

考试科目：　**项目工作**

试卷适用专业（班）：＿＿＿＿＿＿

20　/20　学年度/第　学期　考试时间20　年　月　日　节

题　号	一	二	三	四	五	总　计
分　值	30	20	15	20	15	100
得　分						
阅卷人						

一、名词解释

1. 真空感应熔炼

答：真空感应熔炼是在真空状态下，利用电磁感应在金属炉料内产生电的涡流，从而加热炉料并获得足够高的温度，使炉内金属或合金原料熔化，在熔融状态下利用杂质元素的蒸发提纯金属，或通过原子扩散形成所需合金的过程。

2. 真空感应熔炼操作

答：真空感应熔炼操作包括装料、熔化、精炼、浇注四步工序。在操作程序上大致可分为装料、关闭真空室、抽气、加热、充氩气、熔化、精炼、保温、浇注、冷却、出炉、清炉等步骤。

3. 真空熔炼过程的基本特点

答：真空熔炼使在常压下进行的物理化学反应条件发生了变化，体现在气相压力的降低上。如果冶金反应有气相参加，当反应生成物中气体物质的量大于反应物中气体物质的量时，只要减小系统的压力，则可使平衡反应向着增加气态物质方向移动，这就是真空冶金物理化学反应的基本特点。

二、如何确定感应炉炉料的最佳尺寸范围

答：当电磁波从导体表面向导体内部传播时，经过距离 d 后，其值衰减到表面值的 $1/e$（即为表面值的 0.368 倍，占全部能量的 86.5%），这段距离称为导体的穿透深度，d 值反比于电流频率、导体磁导率和电导率乘积的平方根。因为感应电流主要集中在炉料的穿透深度层内，所以热量主要由炉料的表面层供给。如果炉料的几何尺寸与穿透深度配合得当，则加热时间短，热效率高。通常，炉料直径为穿透深度 d 的 3~6 倍时可得到较好的总效率。

三、简述真空感应熔炼时如何防止夹杂物的产生

答：真空感应熔炼时，由于熔池表面低压条件和电磁搅拌作用，均有利于非金属夹杂

物上浮，在熔池表面形成一层膜，通常称为氧化膜。如果这些氧化膜混入合金中，势必影响产品质量。

碳、氧、氮等杂质在合金中除形成间隙式固熔体外，其超过溶解度的部分形成夹杂物相存在，如 MeC_2、Me_2O_3、MeO、MeN 等。合金中夹杂物的去除，主要是通过夹杂物分解、低价氧化物挥发和碳与氧的结合（生成 CO）等途径实现的。在熔炼温度下，系统中 O_2 和 N_2 的分压值约 13.3Pa，远远大于该温度下夹杂物的分解压，即夹杂物处于稳定存在条件下，难以分解去除。因此，合金中夹杂物只能通过减少污染源的方法进行控制，如使用清洁的炉料、保持炉气的纯净、及时清理炉室和坩埚、精心操作等。

熔池内合金液的氧化和吸氮是夹杂物的又一来源，因此必须控制炉子到预定的真空度和漏气速率，提高氩气纯度。氩气纯度决定了炉内 O_2、N_2 残余气体的分压，氩气纯度低，炉内 O_2、N_2 分压大，合金液氧化和吸氮就严重。目前市售氩气纯度一般可达99.99%，如果循环使用则必须重新提纯处理。

四、简述感应熔炼的电磁搅拌作用

答：感应电炉熔炼时，导电熔体在电磁力的作用下处于不断搅动中，这一现象称为电磁搅拌。熔体中的电流方向与感应器中的电流方向是相反的，由于电磁力的作用使熔体和感应器之间互相排斥，熔体在水平方向受压缩力作用，促使熔体在纵向不停地旋转流动，坩埚中心部分的熔体上升成驼峰状。熔体的电磁搅拌现象，有利于合金快速熔化和原子扩散，有利于熔体化学成分、温度的均匀和熔体中的夹杂物上浮。但过度搅拌也使熔炼不平稳，熔渣不易覆盖住熔体表面，并使熔体对炉衬的冲刷增强。实践表明，感应熔炼时，液面形成"驼峰"的高低与电磁力的大小成正比，而电磁力的大小又与电流频率的平方根成反比。因此，感应电炉的电流频率越高，电磁力就越小，熔体形成的"驼峰"也就越小。为了增强电磁搅拌作用，中频感应炉通常要求感应器的高度大于熔体高度，大容量的炉子常常还增设辅助电源搅拌。

五、画出真空熔炼多晶硅时炉内压强对硅中磷含量影响的示意图

答：

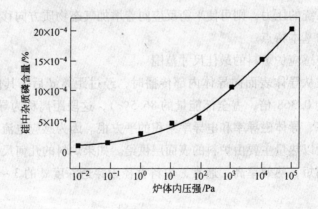

内蒙古机电职业技术学院试卷 B

考试科目：__项目工作__

试卷适用专业（班）：_____

20 /20 学年度/第 学期 考试时间 20 年 月 日 节

题 号	一	二	三	四	五	总 计
分 值	30	20	15	20	15	100
得 分						
阅卷人						

一、名词解释

1. 感应电炉的基本电路

答：包括启动开关、变频电源、电容器、感应线圈与坩埚。

2. 真空感应电炉的组成

答：真空感应电炉由电源输入系统、真空系统、感应电炉炉体和水冷却系统四部分组成。

3. 真空精炼法

答：是指在高温高真空环境下，利用杂质元素和基体金属两者的饱和蒸气压相差较大的特性，使饱和蒸气压大的元素形成气体先挥发，留下饱和蒸气压较小的元素，从而实现杂质和基体相分离的方法。

二、简述感应炉坩埚内的温度分布及布料原则

答：在电磁感应加热过程中，由于炉料中磁力线分布及坩埚对外散热等原因，坩埚内炉料的温度分布并不均匀，大致分为中心部位高温区，侧部中温区，顶、底部的低温区四个区域。因此，在装料时要考虑料块的尺寸及熔点应与坩埚内的温度分布区域相适应。合理的布料原则是：高熔点料装在坩埚中下部，低熔点料装在坩埚上部；小块料装在坩埚中下部，大块料装在坩埚上部；坩埚中下部装料密实；坩埚上部装料松动，料块靠近而不卡死，防止搭桥。

三、简述真空熔炼时的坩埚反应

答：感应熔炼是在坩埚内进行的，在真空条件下坩埚材料与合金液强烈作用，成为合金的又一污染源，主要是由于坩埚受侵蚀、热冲击和坩埚寿命短引起的。近几年坩埚质量有了很大改进，但由于温度高、压力低，坩埚材料仍可能与熔池中活泼元素作用，使合金增氧。以感应炉常用石英坩埚为例，坩埚反应可表示为：

$$3/2SiO_2 + 2[Al] =\!=\!= [Al_2O_3] + 3/2[Si]$$

坩埚周围的氧化镁填充料还可能发生 MgO + C ═ {Mg} + {CO} 反应，使炉衬受损害。耐火材料中铁、锰、硅等杂质含量高，会加速炉衬损害。坩埚反应带入合金液的金属量一般不超过百分之一。因此，对于使用耐火材料的真空感应熔炼，要防止过度的坩埚反应，以控制合金中的氧含量。

四、简述真空感应炉坩埚的选择和准备

答：真空感应电炉熔炼通常为有坩埚法熔炼。用于熔炼铝硅合金的坩埚，要求其化学成分稳定，能耐高温，不与合金反应，抗热震性好。熔炼铝硅合金通常选用刚玉、石墨、石英等标准坩埚。容量25kg左右的小型真空感应电炉，最好选用预先烧结好或加工好的标准坩埚。可以自捣坩埚，但所花的时间和劳力在成本上是不合算的。

坩埚的准备过程：先将感应线圈用木块垫平，在坩埚底部平铺 10mm 厚的石棉水泥板，然后在感应线圈内周及底部衬玻璃丝布作绝缘层。炉衬用 −0.5mm 的电熔镁砂捣制，为了提高捣制料的结合性能，需加入 2% ~5% 的黏结剂，如掺入硼酸等。电熔镁砂预先用磁选方法除去铁磁性物质，掺入硼酸并进行充分混合。坩埚底部的填充料分两层打结，每层厚 20~30mm。底部填充料打结好后，将标准坩埚放入并固定位置，在坩埚外侧间隙内填充电熔镁砂并捣实。封口处用水玻璃作黏结剂进行湿打结，并用水玻璃涂抹表面。捣制时应注意坩埚熔池与感应线圈的加热区相匹配，且浇口位置要便于浇注。

打结好的坩埚用石墨棒芯作发热体，若为石墨坩埚其自身即可作发热体。给炉子通电进行感应加热，在 600~1600℃ 温度范围内烧结 4~5h，然后降温到 1100℃ 左右取出发热体。新坩埚还应用旧炉料洗炉，使坩埚表面烧结一层致密层，以减少金属液与坩埚的化学反应。

五、画出真空熔炼多晶硅时熔炼时间对硅中磷含量影响的示意图

答：

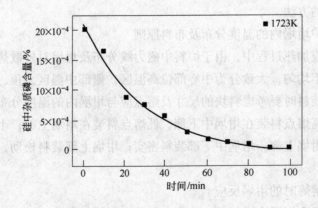

学习情境4 定向凝固分离铝硅和提纯硅

学习目标

根据定向凝固提纯机理，制定定向凝固分离铝硅合金的工艺制度，会操作定向凝固炉分离铝硅合金和提纯多晶硅，能判断及排除冶炼过程中常见故障。

学习任务4.1 定向凝固原理

4.1.1 定向凝固提纯金属机理

定向凝固方法提纯多晶硅基于偏析法提纯金属的机理，是基于金属凝固过程中杂质在固相和液相的平衡浓度不同，杂质在凝固区发生偏析并分别被富集于锭料两端，按需要多次重复此过程即可达到提纯的目的。

一般金属中杂质分为两类，一类使金属熔点降低，另一类使金属熔点升高，它们与金属组成的二元系相图如图4-1所示。根据亨利定律，在溶质浓度极小部分液相线及固相线均为直线，若令平衡浓度之比为K_0，$C_s/C_1 = K_0$，则K_0为常数，称为分配系数或分凝系数。使金属熔点降低的杂质$K_0 < 1$，使金属熔点升高的杂质$K_0 > 1$。在液态金属凝固过程中，$K_0 < 1$的杂质在首先凝固的固相中含量较小，而大部分聚集于液相中，以致在最后凝固的固相中的含量最高；而$K_0 > 1$的杂质则与之相反，在先凝固的固相中含量高，而在后凝固的固相中含量低。

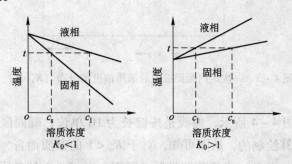

图4-1 杂质与金属的二元相图

基于上述原理进行的区域熔化定向凝固提纯如图4-2所示，当凝固区从左端开始向右端移动时，在左端最先凝固出来的固相中杂质的浓度应为$K_0 C_0$。对于$K_0 < 1$的杂质，$K_0 C_0$是小于C_0的，所以从凝固区右边熔化面的杂质大于凝固区左边凝固面进入固相的杂

质。因此，凝固区中的杂质浓度 C_1 随着凝固区向右移动在不断地增加，相应地析出的固相杂质浓度亦从左到右逐步增加。当凝固区中杂质浓度增加到 $C_1 = C_0 / K_0$ 时，这时的 $C_s = K_0 \cdot C_0 / K_0 = C_0$，就是说这时由凝固区右边进入的杂质与左边进入固相的杂质相等，提纯作用消失。到最后一个凝固区范围内，杂质浓度急剧增加。

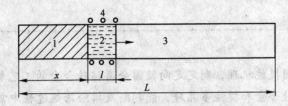

图 4 - 2　定向凝固提纯示意图

1—已凝固的固相区；2—熔化和凝固区；3—固相区；4—加热器

一次定向凝固提纯后杂质浓度的分布如图 4 - 3 所示，通过分析可推导出杂质沿锭长分布的方程式：

$$C_s = C_0 \left[1 - (1 - K_0) e^{-K_0 x / l} \right]$$

式中　　x——距首端距离；

　　　　C_s——距首端 x 处的杂质的浓度；

　　　　C_0——原始杂质的平均浓度；

　　　　l——凝固区长度。

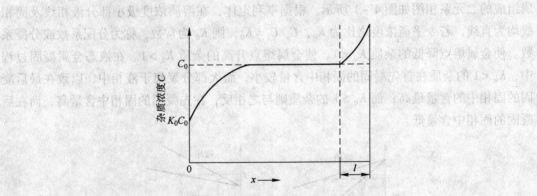

图 4 - 3　一次定向凝固提纯后杂质浓度的分布（$K_0 < 1$）

将上式作图，如图 4 - 4 所示，曲线是按锭长为 10 单位，凝固区长为 1 单位，C_0 为 1，K_0 从 0.01 到 5 计算绘制的。从图可知，对于 $K_0 < 1$ 的杂质而言，K_0 越小，提纯效果越好。在 $x = 0$ 处，$C_s = K_0 C_0$，杂质浓度最低。同理，对 $K_0 > 1$ 的杂质而言，K_0 越大则越有效地富集在首端。$K_0 \approx 1$ 的杂质则难除去。

以上分析是假设液相中杂质扩散很快，以致凝固区中杂质的浓度可视为均匀的。但实际上由于凝固区中传质速度有限，其成分不均匀，故 K_0 不能反映实际情况下两相中杂质浓度之比。实际生产中固液界面还存在一个溶质富集层，杂质的分配系数还与该富集层的

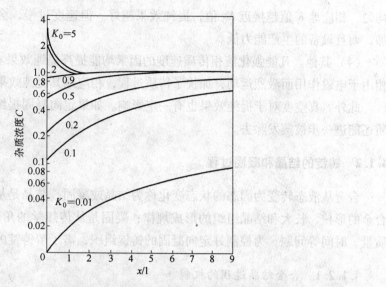

图 4 - 4　一次定向凝固提纯后不同 K_0 值杂质沿锭轴向的分布

厚度、杂质的扩散速度、硅液的对流强度及晶体生长速度均有关，引入有效分配系数 K 来表示：

$$K = K_0 / [K_0 + (1 - K_0) \exp(-R\delta/D_L)]$$

式中　　K——有效分配系数；

　　　　K_0——平衡分配系数；

　　　　R——生长速度，cm/s；

　　　　δ——溶质富集层厚度（固液界面的扩散层），0.005 ~ 0.05cm；

　　　　D_L——扩散系数，cm^2/s。

R 或 δ 趋近于 0，K 趋近于 K_0 时，最大程度提纯；R 趋近于 ∞，K 趋近于 1 时，无提纯作用。

令实际中 $C_s/C_1 = K$，则 K 反映了实际中两相杂质浓度之比，显然当 $K_0 < 1$ 时，$K > K_0$；当 $K_0 > 1$ 时，$K < K_0$。加大液相中的传质速度或减小凝固区移动速度将使 K 值接近于 K_0。

影响定向凝固提纯效果的主要因素有：

（1）定向凝固提纯次数。定向凝固提纯过程可重复进行多次，随着提纯次数增加，提纯效果亦增加。但经过一定次数定向凝固提纯后，杂质浓度的分布接近一"极限分布"，提纯效果不再增加。这一极限分布随凝固区长度及 K_0 值等因素而变。

（2）凝固区长度。从杂质的分布式可知，在第一次定向凝固时，对于 $K < 1$ 的杂质而言，锭长度 L 增加，则 C_s 下降，即提纯效果增加。但随着提纯次数的增加，前述的极限浓度增大，即能达到的最终纯度降低，故一般定向凝固提纯时前几次提纯往往凝固锭较长，后几次则用短锭。

（3）凝固区移动速度。降低凝固区的移动速度，则有足够的时间使液相中的杂质扩散均匀，相应地 K 值越接近 K_0 值，提纯效果越好。但速度过慢，会引起金属的蒸发损失增加，而且设备的生产能力低。

（4）其他。凡能强化液相传质速度的因素均能提高提纯效果。如采用感应加热时，液相由于电磁作用而激烈运动，加快了传质过程，相应地其提纯效果较一般电阻加热时好。

此外，真空度对于提纯效果也有一定影响。如果定向凝固提纯是在高真空中进行，杂质还能进一步被蒸发除去。

4.1.2　铸锭的结晶和凝固过程

合金从液态转变为固态的状态变化称为结晶或凝固。结晶是从热力学的角度研究液态合金的形核、长大和结晶组织的形成规律；凝固是从传热学的角度研究铸锭的凝固方式、质量、时间等问题。为控制好定向凝固的铸锭组织，需了解铸锭的结晶过程和凝固过程。

4.1.2.1　合金结晶过程的机制

合金的结晶是一个形核、长大的过程，根据这一机制，决定结晶速率的因素是形核速率 N，即单位时间单位体积内形成的晶核数目；长大速率 A，即晶核的半径随时间增大的速率。形核和长大这两个过程所需要的激活能一般并不相等，在接近合金的熔点时，控制长大过程的原子扩散通常很快，所以对结晶速率的影响不大，结晶速率主要受形核速率的影响。在结晶过程中，形核速率 N 大，就会有更多的晶核同时生成，这样得到的晶粒尺寸会更细小。结晶过程的形核速率可表达为

$$N = N_0 \exp\left[-(\Delta G_N^* + \Delta G_A^*)/k\mathrm{T}\right]$$

式中　ΔG_N^*——临界尺寸晶胚的自由能；

　　　ΔG_A^*——液态原子扩散激活能；

　　　N_0——形核速率常数；

　　　k——玻耳兹曼常数；

　　　T——绝对温度。

对某一特定的合金来说，N_0 是一常数。上式表明，形核速率由两个指数项来决定，第一项与晶胚数有关，第二项与原子扩散有关，它们都随温度而变化，即取决于液相过冷度的大小。由金属学知，形核时晶胚的临界半径 r^* 对应于自由能变化的极大值 ΔG_N^*，而 r^* 与液相过冷度成反比。当过冷度较小时，r^* 大，需要的形核能 ΔG_N^* 也大，形成晶核困难，形核速率较小。当过冷度增加时，晶胚临界半径 r^* 和形核能 ΔG_N^* 减小，由于晶核是由热涨落形成的，从而形成晶核的概率大大提高，形核速率亦随之增加。但当过冷度太大时，由于原子扩散困难，而使形核速率减小。熔体快淬工艺就是利用极高的过冷度，使形核速率趋近于零，从而得到微晶态甚至非晶态合金。图 4 - 5 中 T_m 为合金的熔点；N_m 为最大的形核速率，对应的温度为 T_n。可见获得最大形核速率的过冷度为 $\Delta T = T_m - T_n$。纯金属从液相中直接形核时，必须达到很大的过冷度（200~300℃）才能自发形核。而实际合金结晶时，往往在不到10℃的很小过冷度下便已开始形核，这是因为液态合金中存在微

小的高熔点固相质点，或者总是与铸模内壁相接触，于是晶核就优先依附于这些现成的固态表面形成，这种非自发形核有力地促进了结晶过程。

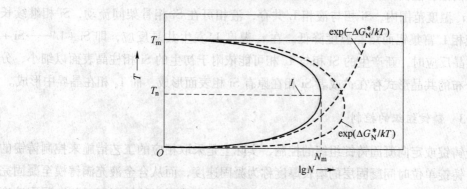

图 4-5　结晶形核速率与温度的关系

4.1.2.2　合金铸锭的凝固方式

合金铸锭在凝固过程中，存在固相区、凝固区和液相区三个区域。铸锭质量的优劣与凝固区的大小和结构有密切关系。图 4-6 所示为过共晶 Al-Si 合金铸锭的凝固区域结构图。左图是 Al-Si 合金平衡状态图的一部分，成分为 C_0 合金的结晶温度范围为 $t_L \sim t_S$。右图上部是某一瞬时铸锭断面的温度场 T 曲线，下部是该瞬时正在凝固的铸锭断面。由状态图的温度 t_L 和 t_S 点引水平线与 T 曲线相交，与两个交点对应的铸锭断面的区域即为凝固区域，其左边为固相区，右边为液相区。在整个凝固过程中，凝固区域的结构是变化的。如随着固相区增厚，固相区的热阻增加，使液相区的温度梯度减小，铸锭凝固区域将逐渐变宽。

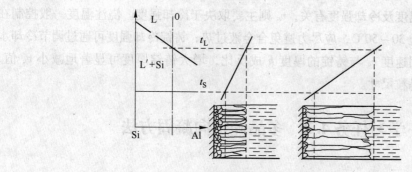

图 4-6　凝固区域结构示意图

在实际铸锭中，采用随炉缓慢冷却或单向散热冷却。由于坩埚底面的温度较低，合金液达到较大的过冷度，同时模壁又对合金液的形核有促进作用，使得成分为 C_0 的合金液在 t_L 温度以下，直接从液相中结晶出 Si 相，发生 L→Si+L′ 转变，因而在靠近模壁处形成大量的细粒等轴状 Si 相晶体。随着固相区厚度的增加，从液相到模壁的温度梯度变小，冷却速度降低，这就有利于晶粒长大而不利于新晶粒形核，于是模壁处的一些晶粒继续向合金液中长大。而且，每个晶粒的长大都受到四周正在长大的晶粒的限制，只有那些 a 轴与模壁垂直的晶粒能向液相中生长，因而形成彼此平行的、粗大而密集的片状 Si 相柱晶。

在 $t_L \sim t_S$ 温度范围内，Si 相与液相 L′共存，液相可在 Si 相骨架间流动，Si 相继续长大。由于液相 L′富集铝而结晶温度降低，在 t_S 温度 L′发生共晶反应，即 Si + L′—→Si + T_2。在此共晶反应时，新产生的 Si 相与 T_2 相可能依附于初生的 Si 相柱晶表面以细小、分散且交错分布的共晶形式存在；或者 Si 相在原有 Si 相表面形成，而 T_2 相在晶界中形成。

4.1.2.3　铸锭组织的控制

对合金铸锭或定向凝固铸锭组织的控制，实际上是采取相应的工艺措施来控制铸锭的凝固速度。铸锭单位时间凝固层的增长厚度称为凝固速度，而从合金液充满铸模至凝固完毕的时间称为凝固时间。为了控制铸锭的凝固速度，常常需要对铸锭凝固时间和凝固速度进行估算。当合金、浇注温度和铸模冷却条件确定以后，铸锭凝固时间取决于铸锭体积与散热面积之比，对于盘形铸锭及单向冷却条件，这一比值为铸锭厚度。因而铸锭凝固时间和凝固速度分别为

$$\tau = (h/k)^2$$
$$v_s = h/\tau = k^2/h$$

式中　τ——凝固时间，min；

　　　v_s——凝固速度，cm/min；

　　　h——铸锭厚度，cm；

　　　k——凝固系数，由合金成分确定，cm/min$^{1/2}$。

柱晶生长主要由液固界面处液相的温度梯度 ΔT_L 和柱晶的凝固速度 v_S 来控制。对某个成分的合金来说，获得良好柱晶的局部冷却速度 $Q_C = \Delta T_L \cdot v_S$ 的值是一定的，其中 ΔT_L 与合金成分、浇注温度及冷却强度有关，v_S 则主要取决于冷却强度。浇注温度一般控制在合金液相线温度以上 $30 \sim 50℃$，应尽力避免合金液过热；铸锭冷却强度可通过调节冷却水流量来控制。因凝固速度 v_S 与铸锭的厚度 h 成反比，增大铸锭厚度可显著地减小 v_S 值，从而可有效地增大晶粒尺寸。

学习任务 4.2　多晶硅定向凝固方法

4.2.1　多晶硅定向凝固的基本方法

定向凝固法能够较好地控制凝固组织的晶粒取向，甚至能够得到单晶，因此非常适合制备有特殊取向要求的组织和优异性能的材料。在定向凝固过程中，通过控制热流的分布、改变温度梯度和凝固速率参数，可极大地提高材料的纵向物理性能。因而，热流的控制是定向凝固技术中的重要环节。伴随着对热流控制（不同的加热、冷却方式）技术的发展，多晶硅定向凝固出现了浇注法、布里曼法、热交换法、电磁铸造法等多种技术。

4.2.1.1　浇注法

浇注法是先将硅料置于熔炼坩埚内加热熔化，然后在机械装置的翻转作用下，将熔融的硅液浇入预先准备好的模具中，该模具置于一升降台上，周围用电阻加热，然后以每分钟 1mm 的速度下降而使硅液进行定向凝固，实验原理如图 4 - 7 所示。浇注法制备多晶硅的特点是硅料的熔化、结晶、冷却分别位于不同的地方，这种生产方法可以实现半连续化生产，提高生产效率，降低能源消耗。但是由于浇注法熔炼和结晶时使用不同的坩埚，而不论是使用石墨还是石英坩埚，都难免使坩埚中的杂质进入熔体中，所以很容易造成熔体二次污染。同时，硅熔体在高温时也易与石墨发生反应，加之硅凝固过程中的体积膨胀作用，所以常有硅锭与石墨模具的粘连现象出现。此外，因为有坩埚翻转机构及引锭机构，使得其结构相对较复杂。

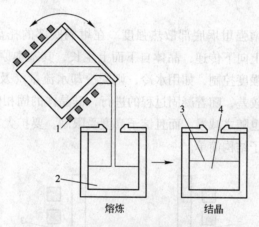

熔炼　　　　　　　结晶

图 4 - 7　浇注法原理示意图
1—感应加热器；2—熔体硅；3—固液界面；4—固态硅

4.2.1.2　布里曼法（Bridgeman Method）

这是一种使用较早的定向凝固方法，是把熔化及凝固置于同一坩埚中，采用感应加热熔化硅料，然后用下拉装置将坩埚脱离感应加热区，在硅液中建立自上而下的温度梯度进而进行定向凝固，其实验装置如图 4 - 8 所示。因其冷却速度受下拉装置移动速度及冷却水流量控制，所以晶体生长速度可以调节。缺点是凝固区和液相区未设置隔热板，要保证侧壁散热小，对温度场的控制和调节难度比较大，容易出现凹状界面。硅锭高度主要受设备及坩埚高度限制，生长速度约 0.8 ~ 1.0mm/min。缺点是炉子结构比较复杂，坩埚需升降且下降速度必须平稳，而且坩埚底部需水冷。

4.2.1.3　热交换法

热交换法是目前国内生产厂家主要使用的一种方法。坩埚和热源在熔化及凝固整个过程中均无相对位移。一般在坩埚底部置一热开关，熔化时热开关关闭，起隔热作用；凝固

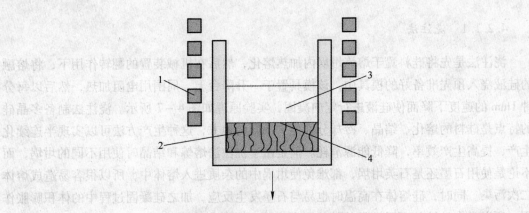

图 4 - 8　布里曼法原理示意图

1—感应加热器；2—固态硅；3—熔体硅；4—固液界面

开始时热开关打开，以增强坩埚底部散热强度。在坩埚底部的托盘上通以冷却水强制冷却，使熔体中的热流自上向下传递，晶体自下而上生长，其基本原理如图 4 - 9 所示。长晶速度受坩埚底部散热强度控制，如用水冷，则受冷却水流量（及进出水温差）所控制，而硅晶体的导热性能比较差，随着凝固过程的进行，硅晶体的固相体积增加，散热强度随之减弱，晶体生长速度也随之减慢。而且锭子高度受限制，要扩大容量只能增加硅锭截面积。此法最大优点是炉子结构简单。

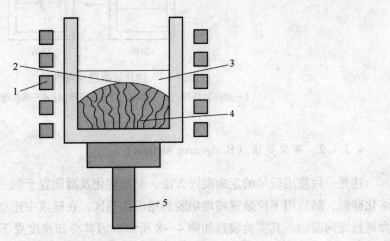

图 4 - 9　热交换法原理示意图

1—感应加热器；2—固液界面；3—熔体硅；4—固态硅；5—冷源

4.2.1.4　电磁铸造法

电磁铸造法是利用电磁感应原理加热，一般采用双层水冷却铜坩埚，利用电磁力保持熔体和坩埚不直接接触，外加电磁场可维持硅液表面和水冷坩埚的间隙，以增加热阻、减少硅液壁面热损失。连续加入的硅原料不断被熔化，并通过引锭装置下移结晶硅锭，其基本原理如图 4-10 所示。电磁铸造法的主要优点是不使用坩埚，可避免坩埚对硅料的污染，氧、碳含量低，提纯效果稳定，生产效率高。缺点是晶粒较小，且大小不匀，少子寿命较低。

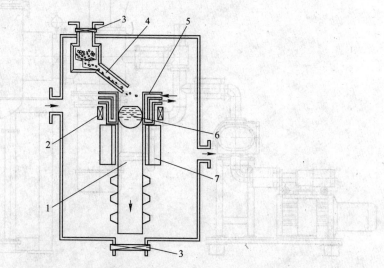

图 4-10　电磁铸造法原理示意图

1—固态硅；2—感应加热器；3—真空阀；4—原料；5—水冷铜坩埚；6—熔体硅；7—后加热器

4.2.2　试验用定向凝固炉

本项目使用的多晶硅定向凝固炉为立式炉壳型的电阻加热电炉，结构如图 4-11 所示。

电炉主要由炉体部分、石墨电阻加热部分、铸锭拉锭机构、真空系统、石墨电阻加热控制系统等部分组成。

炉体部分由炉身、炉盖、炉底组成。炉身为一只水冷双层壁的直立式圆筒，内、外壁采用 304 不锈钢材料，法兰采用 304 不锈钢材料；炉身上分别设有真空抽气口、电阻加热引出电极孔及测温孔，三只测温孔的上、下两个用于检测温度，中部一个用于控制温度。炉盖为水冷双层结构，内、外壁采用 304 不锈钢材料，法兰采用 304 不锈钢材料；炉盖上装有两个多镜观察窗，能看清炉内工作状态；炉盖的开启采用电动升降并手动平移的方式。炉底是一个水冷双重壁的拱形封头，内、外壁采用 304 不锈钢材料，炉底上装有用于铸锭的拉锭机构。拉锭机构的下拉速度采用伺服电机驱动，速度为 1~2000mm/h，并能通过传感器显示；拉锭机构的顶部设有一块金属水冷托盘及石墨垫块。石墨坩埚选用国产细结构石墨，石墨坩埚内可放置石英坩埚；在炉底部设有盛液盘和漏液报警。

石墨电阻加热部分采用石墨管作为加热器，石墨管（采用国产细结构石墨）经加工制作成三相发热体，由特制的引出电极从炉体侧部引出。石墨发热管四围的隔热层由石墨隔热筒、多层石墨炭毡及不锈钢圆筒组成，经过加工制作成一个整体的隔热系统，能方便地安装及维修。

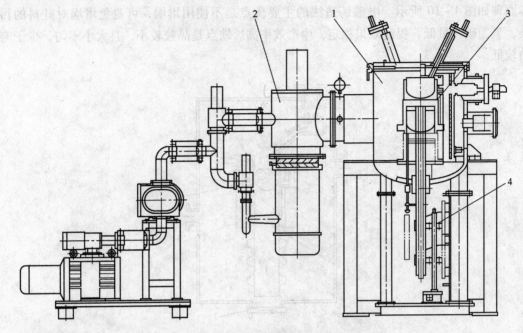

图 4 - 11　试验用多晶硅定向凝固炉

1—炉体；2—真空系统；3—石墨电阻加热系统；4—铸锭拉锭机构

石墨电阻加热系统采用三相供电，经过降压变压器及可控硅电压调整器，然后通过电缆送到电炉的三个引出电极上，形成一个控制回路，而且具有软启动、软关断、恒流、过流保护等功能。石墨电阻加热系统的温度控制采用数显温度程序控制仪，可根据设定的工艺曲线实行自动控制温度，并具有 PID 自整定功能。也可根据需要实现手动控制温度。

真空系统由 K - 300 扩散泵、ZJP - 150 罗茨泵、2X - 30 机械泵、除尘器、气动真空挡板阀、真空管道及数显真空测量仪等组成。

冷却水由总管进入，经过各支管送到炉壳、炉盖、拉锭机构、扩散泵、罗茨泵、机械泵等需要冷却的地方。每路冷却水都有手动阀门，可以按需要调节流量大小，出水采用开放式水箱结构。进水总管上设有电接点压力表，当水压低于设定时，控制系统会发出声、光报警信号，并自动切断加热器电源。

整台设备在工作状态下，具有漏液、水压欠压、超温、过电流自动联锁及报警、保护切断主电源的功能；报警状态为声、光指示方式。

炉子的主要技术参数如下：

加热方式	石墨管加热
加热功率	70kW
最高温度	1700℃
常用温度	1600℃
工作电压	0 ~ 36V；三相
石英坩埚外形尺寸	φ254mm × 190mm（10in）

控温精度	$\leqslant \pm 1°C$
控温范围	室温~1700°C采用钨铼热电偶
控温方式	温度控制仪 + 可控硅调压器 + 变压器
极限真空度	$6.67 \times 10^{-2}Pa$
铸锭拉锭机构速度	1~2000mm/h（伺服电机）
电气联锁及显示	超温、水压欠压、过电流联锁保护及报警
工程条件	进水管口压力：1.5~2.0kg
	进水温度：$\leqslant 30°C$
	用水量：$8^3/h$

4.2.3　多晶硅定向凝固温度场设计

在制备多晶硅铸锭过程时，考虑到生产成本及对硅纯度的影响，目前工业上一般选用石英坩埚。石英与硅的线膨胀系数不同，在铸锭冷却过程阶段会造成石英坩埚的破裂，因此石英坩埚在铸锭过程中属于消耗品；同时，石英坩埚与硅液在熔炼过程中长时间接触，使得坩埚内的氧和一些其他杂质进入硅中，降低多晶硅铸锭的纯度，进而影响太阳能电池的转换效率。为了解决这个问题，一般采用 Si_3N 等材料作为涂层，喷涂于石英坩埚内壁，从而避免了硅熔体和石英坩埚的直接接触，降低杂质的渗入。由于硅导热性的特点及定向凝固生长所需的温度梯度要求，多晶硅铸锭生长高度很难增加，目前市场上制备 240kg 铸锭所使用的坩埚边长为 690mm×690mm×400mm。

图 4-12 为一种感应加热温度场设计的示意图。为了减少热量从侧面的流出，使用 30mm 厚炭毡、10mm 厚陶瓷毡包围在石墨套筒外部。石英坩埚由底部石墨托盘支撑，石

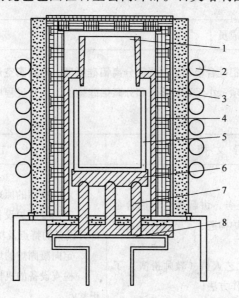

图 4-12　实验装置示意图

1—填料漏斗；2—感应线圈；3—保温材料；4—石墨套筒；5—石英坩埚；

6—石墨托盘；7—石墨支架；8—水冷底盘

墨托盘与底部水冷底盘之间由石墨柱支撑，底部可以填加绝热材料改变底部散热状态，进而改变定向凝固过程中的温度梯度。为了增加坩埚的有效利用率，在石英坩埚顶部加设填料漏斗，坩埚内部硅料熔化后，顶部填料漏斗内硅料下落至坩埚中，使得坩埚内硅熔体总量增加。由于石墨托盘底部水冷盘的作用，热量从底部持续散出，实现自下而上的定向生长。热电偶从顶部穿入石墨套筒侧壁内，测量石英坩埚外部及硅熔体内部温度。

工作任务 4.1　定向凝固分离铝硅

提示：以引导文档作索引，以学习小组为单位，利用各种信息源（教师相关知识介绍、专业书籍、专业刊物、互联网）获取相关知识；在了解真空熔炼铝硅合金和定向凝固分离铝硅原理的基础上，制定真空熔炼提纯和定向凝固分离铝硅工艺条件、操作方法，准备技术文档；以学习小组形式进行真空熔炼和定向凝固分离铝硅操作，讨论出现的问题和处理常见事故。

引导文档与工作计划书印发至学生，以学生小组形式制订工作计划。完成任务后，学生按照工作计划书提示要求撰写工作报告。

4.1.1　引导文档与工作计划

学习情境 4	工作任务 4.1	教学时间
定向凝固分离铝硅和提纯硅	定向凝固分离铝硅	
授课班级	小组成员	

任务描述　根据真空熔炼铝硅合金和定向凝固分离铝硅原理，确定真空熔炼和定向凝固分离铝硅工艺条件和操作规范、注意事项；小组进行熔炼和分离铝硅操作，在此过程中学习相关理论知识与实际操作技能

项目	引 导 文 档	工 作 计 划 书
资讯	1. 教师提出工作任务，讲解真空熔炼合金提纯原理、定向凝固炉构造、工艺条件确定方法以及相关知识； 2. 学生通过咨询工艺人员（教师扮演）了解定向凝固工艺及操作方法； 3. 通过查阅资料、教材以及视频资料进行任务分析	1. 定向凝固的原理是什么？ 2. 定向凝固炉设备包括哪几个主要部分，各部分设备的特点及功能是什么？ 3. 定向凝固炉的坩埚的组装要领是什么？ 4. 检查设备的机械部分和电气部分运转是否正常？ 5. 检查和调节冷却水系统各个管道的压力和流量

项目	引 导 文 档	工 作 计 划 书
决策	1. 学生分组，确定工作任务； 2. 根据各组对应的工作任务，教师给出参考建议	1. 明确小组分工任务； 2. 根据任务书的要求，确定合适的方案
计划	1. 以小组讨论的方式，制订真空熔炼和定向凝固任务的工作计划； 2. 将制订的工作计划与教师讨论并定稿	1. 确定坩埚的组装方法； 2. 编写熔炼和定向凝固的实施步骤、工艺规范、操作注意事项； 3. 分析熔炼过程中可能出现的问题和事故，编制事故处置预案
实施	1. 教师监控学生是否按时完成工作任务； 2. 学生进行正确的熔炼操作； 3. 培养学生现场"5S"管理及团队合作意识	1. 按照熔炼工艺条件和操作规范进行熔炼和定向凝固操作； 2. 完成操作过程记录； 3. 及时解决和排除操作过程中出现的问题和事故
检查	1. 学生对完成的任务进行自我评价； 2. 教师指出学生操作过程中的不当之处，并进行正确操作的演示	1. 小组检验分离硅的成分； 2. 根据任务要求对工作过程与结果进行小组自查与小组互查
评估	1. 评价工作过程，并提出改进意见； 2. 根据学生的工作计划书，教师与学生进行专业对话，巩固所学知识，并考核学生对本任务知识与技能的掌握； 3. 设置故障，分析排除	1. 你在任务实施过程中遇到哪些问题，如何解决的？ 2. 你是如何评价你的小组成员？（从操作技能、问题解决、沟通协调等几个方面评价）

4.1.2　铝硅合金分凝法提纯硅

合金分凝法利用硅在合金熔体中的重结晶行为，依据杂质在硅固相与金属熔体之间的分凝系数不同而提纯初晶硅。

用于形成硅合金熔体的金属应与硅在液相下完全互溶，其选择依据一是金属在硅中没有或者具有非常低的固溶度，且金属在硅中的分凝系数很小，能避免过多的杂质引入初晶硅，并能通过定向凝固的方法去除固溶金属；二是选择对杂质具有较强亲和力的金属，此时能够降低杂质在硅合金熔体中的活度系数，从而降低杂质的分凝系数。铝不仅熔点低，且在硅中的分凝系数和极限固溶度小，满足合金分凝法中金属选择的基本条件。在低于硅熔点温度下，铝与硅即可形成熔体，液相下硅、铝完全互溶，而固相下铝在硅中的极限固溶度仅为 1.5%，且存在逆向固溶度。铝在硅中属于慢扩散杂质，铝在固相硅中的含量能保持相对稳定。采用定向凝固等方法可去除硅中铝杂质。

不同金属与硼、磷形成稳定中间化合物的热力学分析如图 4 - 13 所示，可以看出，铝与硼、磷生成 AlB_2、AlP 的吉布斯自由能变化小于 SiB_3、SiP，表明铝比硅更容易与硼、磷形成化合物，且交互作用随着温度的降低而显著增强。因为铝对硼、磷具有较强的亲和力，所以铝可以降低硼、磷在铝硅合金熔体中的活度系数，从而降低硼、磷的分凝系数。

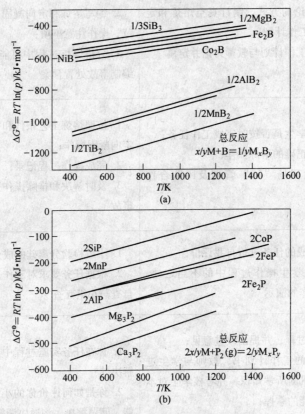

图 4 - 13　硼化物、磷化物的自由能变化
(a) 硼化物；(b) 磷化物

杂质在硅及铝硅合金中的分凝系数如图 4 - 14 所示，图中空心标识为温度 1687K 时杂质在硅固体与硅熔体之间的分凝系数，实心标识为不同温度下杂质在硅固体与铝硅熔体之间的分凝系数。图中显示杂质在铝硅合金中的分凝系数比其在纯硅中的数值降低 1~2 个数量级，且随着温度的降低而继续减小。该研究从理论上证明了低温下铝硅合金体系提纯多晶硅的效果更好。

以纯铝（或原铝）为原料，在过共晶成分区熔炼成铝硅熔体，缓慢冷却过程中硅作为初晶相析出。依据杂质在硅固相与铝硅熔体之间的分凝行为，杂质滞留在硅铝熔体中，而初晶硅中硼、磷、金属等杂质含量明显降低。近年文献报道，磷的最大去除率为 98%，提

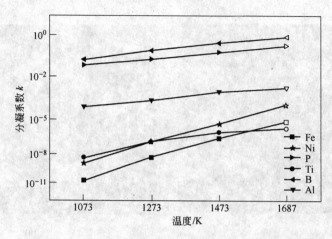

图 4-14　不同温度下杂质在铝硅合金及硅中的分凝系数

纯后磷含量最低为 0.4×10^{-6}。

　　硼与钛之间存在较强的结合力，它们能够形成性质稳定、密度约为 $4.52 \mathrm{g/cm^3}$ 的 TiB 化合物。在铝硅合金熔炼过程中添加金属钛，促使硼以 TiB 形式析出，最终沉积、富集在铝硅熔体底部，再通过选择性切割、酸洗去除钛及 TiB_2、TiB。当添加钛含量为硼含量的 5~10 倍时，硼的去除率达到 99.3%。

4.1.3　铝硅合金中初晶硅的晶体生长特征

　　由 Al-Si 系合金平衡结晶相图可知，如果液态合金过热，或者铸锭冷却速度较慢，则铸锭中很容易出现硅的初次晶。图 4-15 是硅含量分别为 20%、25% 和 30% 的 Al-Si 合金显微组织，从图中可以看出，随着铝硅合金中硅含量的提高，板块状的初晶硅尺寸逐渐增大，且分布也不均匀，共晶硅则为明显的长针状。

　　在理想状态下，硅为金刚石型面心立方晶体，生长界面一般为密排面 {111}，当硅晶体在熔液内生核，并以单晶体方式生长时，一般生长成以 {111} 为生长界面的八面体或四面锥形。通常所说的初晶硅主要指粗大的多角形状或板状，初晶硅的生长机制目前被大多数人接受的是孪晶凹角生长机制。一般认为，具有金刚石结构的 Si 晶体是依靠 {111} 孪晶形成的凹角而生长。如图 4-16 所示，在硅晶体生长中易于沿 (111) 晶面长成孪晶，并且在孪晶的结晶前沿形成 141° 的凹谷，此凹谷处有较低的能位，容易接纳铝液中的 Si 原子或由 Si 原子构成的四面体，这样就更加速了沿 [211] 晶向的生长速度。[211] 晶向即凹角方向，因此凹角很快消失，重新长为三角形的片状晶体。当具有双重孪晶的金刚石晶体仍由 [211] 面构成，此时每个孪晶面露头处均有三个凹角，相差 60°，当第一个孪晶面的凹角在生长中起作用时，则相应的晶面逐渐缩小乃至消失，此时第二个孪晶面的凹角区域却发育到最大；同样第二个孪晶面长大凹角消失时，第一个孪晶面的凹角发育到最大。这样实际上两个孪晶面的凹角相互制约、永不消失。

　　对于具有小平面的 Si 晶体，其光滑的外表面为 {111} 晶面，晶体中缺陷形成的台阶

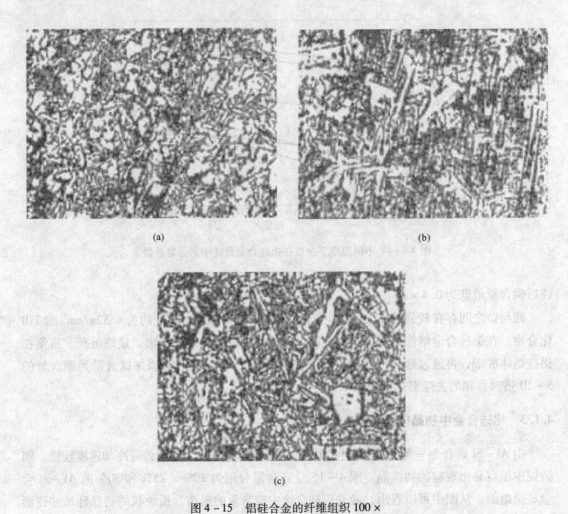

图 4 – 15　铝硅合金的纤维组织 100 ×

（a）Al – 20% Si，板块状初晶硅，70 ~ 100μm；（b）Al – 25% Si，多角形块状初晶硅，100 ~ 150μm；

（c）Al – 30% Si，多角形块状初晶硅，80 ~ 190μm

是原子沉积的有利位置，其中，螺型位错形成的台阶边缘是最容易捕捉原子的地方，结果便产生了一种螺旋塔尖状的晶体表面。初晶硅的位错台阶生长机制能够形成初晶硅的多种形貌，如板状、八面体形、球形初晶硅等。此外，过共晶 Al – Si 合金熔体中预存在的 Si 原子集团，在接近初晶温度时能发展成为类四面体和八面体，这些原子团簇在成为晶核前可以五重孪晶的方式直接凝并成为初晶硅的生长基底，并以五重孪晶关系生长机制发展成为五瓣星状初晶硅。

影响初晶硅形貌的主要因素：

（1）冷却速度。在低的冷却速度下，溶质有充分的时间进行扩散，使固液界面前沿的浓度均匀分布，从而增加了界面的稳定性。此外，冷却速度低时，温度过冷度作用将降低，而曲率过冷度的作用相应地变得更为显著。众所周知，曲率的作用将促进晶体球状化生长。因此，随着缓慢而均匀的冷却，初晶晶以颗粒状形态生长。相反，当冷却速度较高

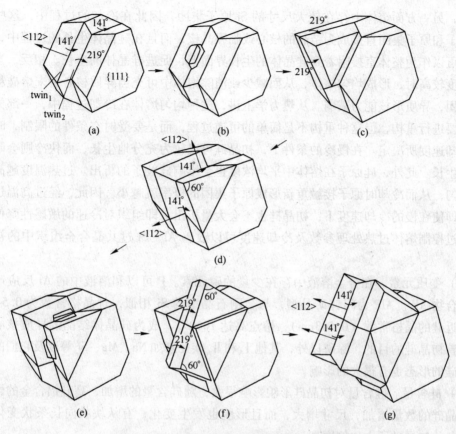

图 4-16　平行双孪晶结构硅枝晶生长原理

时，由于凝固时的溶质再分配且没有足够的时间进行扩散，溶质迅速富集在液/固前沿的液相中，使界面的稳定性被迅速地破坏，导致初生相以枝晶形态生长。

（2）浇注温度。浇注温度是影响初生相形貌的重要因素。根据激冷自由晶形核理论和熔断分离形核理论，较低的浇注温度可增加自由晶核的数目。在液相线附近浇注时，大量的晶核迅速形成，而此时金属液仍处于浇注的流动中。因此颈缩状晶体的熔断和碎离均可成为新的晶核，导致在熔融的金属中形成了大量的晶核。显然，大量晶核的同时形成使晶核之间的间距很小，这将抑制枝晶的生长，从而使初生相以颗粒状形态生长。然而，随着浇注温度的升高，大量形成的晶核将被温度较高的金属熔体过热而重新熔化，只有小部分晶核能够存活。随着形核密度的减小，晶核间距增大。尽管在低的冷却速度下，初始相仍然以玫瑰花或粗枝晶形态生长。

（3）过热温度。不同温度的熔体过热处理可以改变合金的熔体状态，对于 Al－Si 过共晶合金而言，其熔体状态取决于高熔点的硅粒子在熔体中的溶解程度及熔体中所含硅原子集团的大小、数量。当合金加热到液相线以上温度时，硅粒子不会立即熔解，而需要一定的过热度及保温时间，并且在熔体中存在着 Si 的原子集团，随熔体温度的升高，原子集团的尺寸减小，只有当熔体温度超过 1000℃ 以上时，这类原子集团才能消失，熔体达到真正意义上的熔化态。因此，在过热温度低时，一方面硅粒子在较短的保温时间内不能完全溶解，另一方面熔体中存在较大尺寸的 Si 原子集团，因此在冷却的过程中，这些未熔的硅粒子和原子集团直接成为结晶的核心或临界晶核，而且在硅晶体生长的过程中，这些微结构可以作为整体直接附着到硅晶体的生长界面上，促进硅晶体的生长。相反，当熔体过热温度较高时，形成均匀熔体，从而减少或消除熔体中可充当异质核心的未熔硅粒子或原子集团，异质形核能力减弱。从热力学上讲，这种均匀熔体在冷却过程中，一部分的原子集团要进行重构，但这种重构不是简单的可逆过程，而是要受时空条件的限制，时空条件由冷却速度所决定。在慢冷的条件下，初晶硅可以较为充分地生长，而快冷则会限制硅晶体的生长。此外，硅原子在熔体中平均浓度也会影响硅粒子的析出。过热温度越高，熔体越均匀，从而冷却时原子接触重新形成原子集团的概率就越小。因此，经过高温过热处理后，即使在慢的冷却速度下，初晶硅也不会大量析出，即组织对冷速的敏感性降低。因此，通过控制熔体过热处理参数及冷却速度可以改善 Al－Si 过共晶合金组织中的初晶硅形貌。

（4）变质元素。在合金溶液中存在少量的磷元素。P 可以和溶液中的 Al 反应产生高熔点化合物 AlP。AlP 为闪锌矿晶型，与金刚石晶型的 Si 相似，且晶格常数为 0.546nm，非常接近硅的晶格常数（0.543nm），熔点高达 1060℃，成为硅晶体结晶的异质核心，可达到改善初晶硅的目的。除磷以外，其他 I_A 和 II_A 族元素如 Na、Mg、Sr 等以及它们的合金对初晶硅的形态也有很大的影响。

（5）硅含量。硅含量对初晶硅形貌影响很大，随硅含量的增加，高硅铝合金的微观组织中初晶硅的数量增加，尺寸增大，而且形貌也发生变化，有从块状向长条状变化的趋势，长条状初晶硅所占比例增高。

4.1.4　分离铝硅的方法

高温下铝硅熔体具有良好的流动性，初晶硅与铝硅共晶的分离可以采用酸洗、倾倒、过滤、超重力、电磁感应等多种方法实现，这些方法还能避免初晶硅生长过程中残余合金溶液在枝晶间的夹杂、富集。

酸洗法的工艺简单，对合金残余物的去除效果好，但铝损耗量大，无法回收利用，大量酸液的使用造成环境污染，提高了成本。

倾倒法和过滤法可实现铝熔体回收利用，避免合金在初晶硅枝晶间的夹杂，铝硅二者分离效果好，但高温作业对于实验条件及工艺要求复杂。图 4－17 所示为本项目试验 50% Si 的铝硅合金以 60℃/h 的速度冷却至 600℃时，倾倒出液态共晶铝硅合金后得到的初晶硅，它们在石墨坩埚的底部、顶部和侧壁处形成了鳞片网状结构。

超重力法能得到富集硅相与铝硅合金相，避免了大量酸液的使用，但工艺复杂，成本高。

具有温度梯度的感应熔炼，在电磁场下，硅固体、硅铝熔体因电导率不同而受到的作用力不同，促使硅在铝硅合金熔体的底部沉积和富集，得到富集硅相与铝硅合金相。图 4－19 即为感应熔炼和缓冷后倾倒出共晶铝硅合金后得到的富集硅相；显然，感应熔炼不利于柱状多晶硅的连续生长。

图 4-17　铝硅合金中结晶的初晶硅网状结构

　　具有温度梯度的电阻熔炼，由于硅与铝硅熔体的密度差值较小（见表 4-1），采用电阻加热方式熔炼会形成初晶硅均匀分布的合金。电阻加热的热场稳定，通过控制晶体生长速度、温度梯度等实验参数，可以实现柱状多晶硅的定向生长，从而避免金属的污染，特别是铝含量能降低到其在硅中的固溶度之下。其缺点是柱状多晶硅生长速度慢，提纯工作效率低。

表 4-1　金属铝和硅的物理性质

物　理　性　质	Al	Si
晶体结构	面心立方	金刚石型面心立方
原子体积/$cm^3 \cdot mol^{-1}$	10	12.1
密度/$g \cdot cm^{-3}$	2.7	2.3
熔点/K	933.25	1687
沸点/K	2793	2628
熔化热/$kJ \cdot mol^{-1}$	10.79	50.55
蒸发热/$kJ \cdot mol^{-1}$	293.40	384.22
铝在硅中的分凝系数	2.0×10^{-3}	
铝在硅中的极限固溶度	1.5×10^{-2}	

　　针对目前铝硅合金分凝法分离硅后，对分离后的初晶硅进行破碎、研磨、酸洗而去除合金化元素和杂质的方法，存在合金金属使用量大、酸液使用量大、硅粉损失大、能耗大等问题，本项目提出定向凝固分离铝硅的技术路线。使用前述熔盐电解法制备的铝硅合金作为分离原料，同时以真空感应熔配铝和工业硅制备的铝硅合金作为对比试验原料。将待分离的铝硅合金加入到电阻定向凝固炉中，在 0.1Pa 真空度充氩条件下加热至熔化，升温至 900 ~ 1000℃保温 5 ~ 10min；然后进行定向凝固，凝固速率 5 ~ 10μm/s，优先析出的固相硅在坩埚底部以柱状晶形式定向生长，最后析出的铝硅合金在上部，形成一个界面；将所得的凝固锭沿硅和铝硅合金的界面处进行切割分离，得到高纯硅和高纯共晶铝硅合金两种产品，以期探索出一种以更低的成本、更有效地从铝硅合金中分离出高纯硅的方法。

工作任务 4.2　　定向凝固提纯多晶硅

　　提示：以引导文档作索引，以学习小组为单位，利用各种信息源（教师相关知识介绍、专业书籍、专业刊物、互联网）获取相关知识；在了解定向凝固提纯多晶硅原理的基础上，制定真空电阻定向凝固炉提纯硅的工艺条件、操作方法，准备技术文档；以学习小组形式进行定向凝固提纯硅操作，讨论出现的问题和处理常见事故。

　　引导文档与工作计划书印发至学生，以学习小组形式制订工作计划。完成任务后，学生按照工作计划书提示要求撰写工作报告。

4.2.1　引导文档与工作计划

学习情境 4	工作任务 4.2		教学时间
定向凝固分离铝硅和提纯硅	定向凝固提纯多晶硅		
授课班级		小组成员	

　　任务描述　　根据定向凝固提纯硅原理，确定真空电阻定向凝固炉提纯硅的工艺条件和操作规范、注意事项；小组进行定向凝固提纯硅操作，在此过程中学习相关理论知识与实际操作技能

项目	引 导 文 档	工 作 计 划 书
资讯	1. 教师提出工作任务，讲解定向凝固提纯硅原理、工艺条件确定方法以及相关知识； 　2. 通过查阅资料、教材以及视频资料进行任务分析	1. 定向凝固提纯硅的原理是什么？ 　2. 定向凝固提纯硅工艺使用何种坩埚，坩埚的砌筑或安装要领是什么？ 　3. 检查设备机械、电气部分运转是否正常

项目	引 导 文 档	工作计划书
决策	1. 学生分组，确定工作任务； 2. 教师回答学生提出的问题； 3. 根据各组对应的工作任务，给出参考建议	1. 明确小组分工任务； 2. 根据任务书的要求，确定合适的方案； 3. 选择原材料、块度
计划	1. 以小组讨论的方式，制订定向凝固提纯硅的工作计划； 2. 将制订的工作计划与教师讨论并定稿	1. 根据杂质在硅中的分凝效应确定定向凝固温度和拉锭速度； 2. 确定坩埚安装方法； 3. 编写定向凝固实施步骤、工艺规范、操作注意事项
实施	1. 教师监控学生是否按时完成工作任务； 2. 学生进行正确的定向凝固操作； 3. 培养学生现场"5S"管理及团队合作意识	1. 按照定向凝固工艺条件和操作规范进行操作； 2. 完成定向凝固过程记录； 3. 及时解决和排除操作过程中出现的问题和事故
检查	1. 学生对完成的任务进行自我评价； 2. 教师指出学生操作过程中的不当之处，并进行正确操作的演示	1. 小组检验多晶硅成分； 2. 分析定向凝固工艺参数； 3. 根据任务要求对工作过程与结果进行小组自查与小组互查
评估	1. 评价工作过程，并提出改进意见； 2. 根据学生的工作计划书，教师与学生进行专业对话，巩固所学知识，并考核学生对本任务知识与技能的掌握； 3. 设置故障，分析排除	1. 你在任务实施过程中遇到哪些问题，如何解决？ 2. 你是如何评价你的小组成员？（从操作技能、问题解决、沟通协调等几个方面评价）

4.2.2 定向凝固法提纯多晶硅的应用

冶金法提纯制备太阳能级多晶硅的工业环节中，定向凝固铸锭技术是其中最重要的环节。现在，定向凝固被越来越多地应用到多晶硅的提纯中。研究发现，当晶界和硅晶片表面垂直时，晶界对太阳能电池转换效率的影响要大大减小。因此，定向凝固法通过控制温度场变化，使硅锭获得沿生长方向整齐排列的粗大柱状晶，然后在垂直于晶粒生长方向进行切片，这样可降低晶界对电池转换效率的影响。

但是，由于硅中杂质的存在，晶体生长过程中晶面吸附杂质，改变了表面的自由能，所以多晶硅柱状晶生长方向不如金属的直，且伴有分叉，因而多晶硅的定向凝固过程对温度场控制的要求比较高。凝固过程中的温度分布、凝固速度、固液界面形状等因素对多晶硅晶粒形状和尺寸都有很大影响。

Morita 等人提出，冶金级硅中的大部分金属杂质通过两次定向凝固提纯均能达到太阳能级多晶硅的纯度要求，硅中的杂质通过两次定向凝固提纯后的理论效果如图 4 – 18 所示。

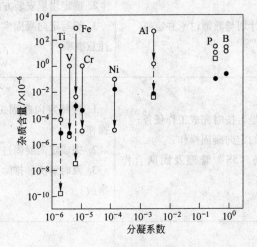

图 4 – 18　定向凝固提纯后杂质浓度变化

○冶金级硅中杂质含量；● 太阳能级硅中杂质含量；□ 定向凝固后达到的杂质含量

——— 第一次定向凝固；– – ► 第二次定向凝固

例如，由表 4 – 2，熔硅中铁的平衡分凝系数为 6.4×10^{-6}，若硅中原始铁含量为 2310×10^{-6}，则 $C_s = C_1 K = 2310 \times 6.4 \times 10^{-6} = 0.014$，即在理想情况下提纯后硅中铁含量可降至 0.02×10^{-6} 以下。而分离 50% 的铝硅合金时，$C_s = C_1 K = 0.5 \times 2.8 \times 10^{-3} = 0.0014$，一次定向凝固分离后硅中铝含量降至 1400×10^{-6}；二次定向凝固后硅中铝含量可降至 $C_s = C_1 K = 1400 \times 2.8 \times 10^{-3} = 3.9 \times 10^{-6}$。实际定向凝固提纯硅时杂质分布如图 4 – 19 所示。

表 4 – 2　各种杂质元素在熔硅中的分凝系数

杂　质	分凝系数	杂　质	分凝系数	杂　质	分凝系数
B	0.8	Cu	4×10^{-4}	Fe	6.4×10^{-6}
P	0.35	In	4×10^{-4}	V	4×10^{-6}
Li	1×10^{-2}	Au	2.5×10^{-5}	Ti	2×10^{-6}

续表 4 - 2

杂　质	分凝系数	杂　质	分凝系数	杂　质	分凝系数
Pb	2.3×10^{-2}	Cr	1.1×10^{-5}	Nb	4.4×10^{-7}
Ca	8×10^{-3}	Zr	1×10^{-5}	Mo	4.5×10^{-8}
Al	2.8×10^{-3}	Zn	1×10^{-5}	W	1.7×10^{-8}

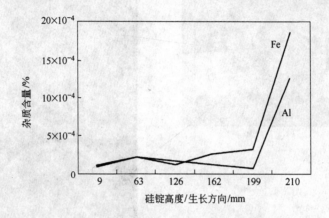

图 4 - 19　金属杂质含量沿硅锭生长方向分布图

4.2.3　多晶硅铸锭的凝固方式

　　多晶硅铸锭在定向凝固过程中，通过控制温度场的变化，形成单方向热流（生长方向与热流方向相反），并要求液固界面处的温度梯度大于 0，横向则要求无温度梯度，从而形成定向生长的柱状晶。图 4 - 20 所示为多晶硅定向凝固铸锭顶部横截面、中间纵截面、底部横截面的宏观组织，可以看出，铸锭底部晶粒细小，顶部晶粒粗大，中间为粗大的柱状晶组织。

　　熔化后的硅熔体刚浇注到石英坩埚中时，由于底部通水冷却强度较大，硅液在底部约 10mm 的高度上迅速冷却成细小的晶粒，形成细晶区，此区存在气孔，难以去除，是因为凝固较快，气体来不及上浮而随凝固保存下来的。细晶区上部熔体在侧壁石墨加热器保温 1600℃ 的条件下气体上浮排出，从而得到无气孔组织，并在水冷底盘引锭杆下拉的配合下硅液开始缓慢地定向生长，由下往上枝晶逐渐变得粗大。从图中可知，在硅锭中间位置，小部分晶体是垂直生长的，而旁边的晶体生长形貌是从侧壁向中间生长的。由于硅的导热系数远小于石墨导热系数，因此当坩埚下拉时，坩埚壁的过冷度远大于凝固界面，此时，新的晶粒从坩埚壁开始形核长大，终止于硅锭中间。此时晶粒在硅锭中间相接，硅锭中间的缺陷就比较多，由此可知，坩埚壁形核对垂直柱状晶体生长产生了很严重的影响。

　　根据晶粒由铸锭底部到顶部呈收拢趋势，则固液界面为凹界面；如果晶粒呈发散状，则固液界面为凸界面。由此可以判断，在定向凝固固液界面向上推的过程中，固液界面的形状由下凹状逐渐过渡到略微上凸状，如图 4 - 21 所示。在定向凝固的初始阶段，坩埚底

图 4 - 20　多晶硅铸锭的宏观组织

部硅液受到急冷形成细小晶粒,随后细小的晶粒择优取向开始定向凝固生长,固液界面呈下凹状,凹状的界面容易使金属杂质排向铸锭中心部位,产生杂质夹带和气孔等大量的缺陷;当温度场逐渐达到平衡,硅晶体稳定生长时,固液界面由下凹状向平面状过渡,这时形成垂直的柱状晶,利于排杂、排除缺陷和避免热应力形成。随着定向凝固的进行,固液界面由平面状过渡到略微上凸状,此时晶体容易生成大的气泡,产生大量的缺陷。

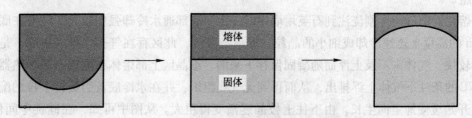

图 4 - 21　定向凝固过程中固液界面的变化

4.2.4　试验过程

多晶硅定向凝固之前,首先使用机械泵和罗茨泵将炉体抽至真空状态,真空度达到 0.1Pa 后,启动油扩散泵抽至极限真空度 6.67×10^{-2}Pa。试验过程中控温热电偶放置在石英坩埚外侧,这样既能使控温温度与坩埚内熔体温度有效对应,又能保持热电偶所处环境状态安全稳定。

　　多晶硅定向凝固铸锭主要包括五个阶段，升温阶段、熔化阶段、保温阶段、拉锭阶段及冷却阶段。实验过程中的实际控温曲线如图 4-22 所示。第一阶段为升温阶段，此阶段一般需要两小时左右使温度上升至硅熔点附近温度，为了使坩埚内硅料温度与外部控温温度相对稳定，此阶段可采用分段式阶梯方式进行升温。第二阶段为熔化阶段，此阶段控温热电偶温度缓慢上升，坩埚内硅料开始熔化。当坩埚内硅料完全熔化之后，硅熔体内部温度迅速上升，使硅熔体内部温度在 1500℃附近保温一段时间，然后降温至熔点附近温度之上，准备开始定向凝固阶段。定向凝固过程中通过调整拉锭速度和控温温度来调整定向凝固阶段总时间，进而控制定向凝固过程中晶体生长的均速度。凝固过程完成后，为了防止铸锭内部由于快速冷却产生的应力使铸锭碎裂，采用分段式缓慢降温的方式进行冷却。冷却初始阶段以 0.5~1.0℃/min 降温速度进行冷却，1000℃以下关闭加热电源，随炉冷却。

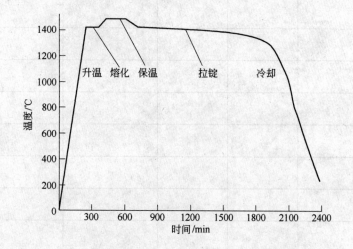

图 4-22　多晶硅定向凝固过程中的控温曲线

附　　录

定向凝固分离铝硅或提纯多晶硅操作记录

时间	20　年　月　日　　　时至　　　时					
	电压/V	电流/kA	坩埚温度 /℃	拉锭速度 /mm · min^{-1}	真空度/Pa	备注
交接班记录 （机械、电气 设备完好 情况）						
组别	第　　组	组　长			指导教师	
签名						

注：正常熔炼情况下每 30min 记录一次数据；交接班时组长负责核对数据及签名。

内蒙古机电职业技术学院试卷 A

考试科目：　项目工作

试卷适用专业（班）：_____

20　/20　学年度/第　学期　考试时间 20　年　月　日　节

题　号	一	二	三	四	五	总　计
分　值	30	20	15	20	15	100
得　分						
阅卷人						

一、名词解释

1. 定向凝固提纯金属机理

答：定向凝固方法提纯多晶硅基于偏析法提纯金属的机理，是基于金属凝固过程中杂质在固相和液相的平衡浓度不同，杂质在凝固区发生偏析并分别被富集于锭料两端，按需要多次重复此过程即可达到提纯的目的。

2. 铝硅合金分凝法提纯硅

答：合金分凝法利用硅在合金熔体中的重结晶行为，依据杂质在硅固相与金属熔体之间的分凝系数不同而提纯初晶硅。

3. 多晶硅铸锭的凝固方式

答：多晶硅铸锭在定向凝固过程中，通过控制温度场的变化，形成单方向热流（生长方向与热流方向相反），并要求液固界面处的温度梯度大于 0，横向则要求无温度梯度，从而形成定向生长的柱状晶。

二、简述合金铸锭的凝固方式

答：合金铸锭在凝固过程中，存在固相区、凝固区和液相区三个区域。如图为过共晶 Al – Si 合金铸锭的凝固区域结构图，在整个凝固过程中，凝固区域的结构是变化的。如随着固相区增厚，固相区的热阻增加，使液相区的温度梯度减小，铸锭凝固区域将逐渐变宽。

在实际铸锭中，采用随炉缓慢冷却或单向散热冷却。由于坩埚底面的温度较低，合金液达到较大的过冷度，同时模壁又对合金液的形核有促进作用，使得成分为 C_0 的合金液在 t_L 温度以下，直接从液相中结晶出 Si 相，发生 $L \rightarrow Si + L'$ 转变，因而在靠近模壁处形成大量的细粒等轴状 Si 相晶体。随着固相区厚度的增加，从液相到模壁的温度梯度变小，冷却速度降低，这就有利于晶粒长大而不利于新晶粒形核，于是模壁处的一些晶粒继续向合金液中长大。而且，每个晶粒的长大都受到四周正在长大的晶粒的限制，只有那些 a 轴

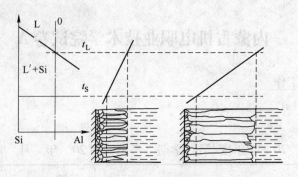

凝固区域结构示意图

与模壁垂直的晶粒能向液相中生长，因而形成彼此平行的、粗大而密集的片状 Si 相柱晶。

在 $t_L \sim t_S$ 温度范围内，Si 相与液相 L′共存，液相可在 Si 相骨架间流动，Si 相继续长大。由于液相 L′富集铝而结晶温度降低，在 t_S 温度 L′发生共晶反应，即 Si + L′→Si + T_2。在此共晶反应时，新产生的 Si 相与 T_2 相可能依附于初生的 Si 相柱晶表面以细小、分散且交错分布的共晶形式存在；或者 Si 相在原有 Si 相表面形成，而 T_2 相在晶界中形成。

三、简述定向凝固过程中固液界面的变化

答：根据晶粒由铸锭底部到顶部呈收拢趋势，则固液界面为凹界面；如果晶粒呈发散状，则固液界面为凸界面。由此可以判断，在定向凝固固液界面向上推的过程中，固液界面的形状由下凹状逐渐过渡到略微上凸状。在定向凝固的初始阶段，坩埚底部硅液受到急冷形成细小晶粒，随后细小的晶粒择优取向开始定向凝固生长，固液界面呈下凹状，凹状的界面容易使金属杂质排向铸锭中心部位，产生杂质夹带和气孔等大量的缺陷；当温度场逐渐达到平衡，硅晶体稳定生长时，固液界面由下凹状向平面状过渡，这时形成垂直的柱状晶，利于排杂、排除缺陷和避免热应力形成。随着定向凝固的进行，固液界面由平面状过渡到略微上凸状，此时晶体容易生成大的气泡，产生大量的缺陷。

四、简述影响定向凝固提纯效果的主要因素

答：（1）定向凝固提纯次数。定向凝固提纯过程可重复进行多次，随着提纯次数增加，提纯效果亦增加。但经过一定次数定向凝固提纯后，杂质浓度的分布接近一"极限分布"，提纯效果不再增加。这一极限分布随凝固区长度及 K_0 值等因素而变。

（2）凝固区长度。从杂质的分布式可知，在第一次定向凝固时，对于 $K < 1$ 的杂质而言，锭长度 L 增加，则 C_s 下降，即提纯效果增加。但随着提纯次数的增加，前述的极限浓度增大，即能达到的最终纯度降低，故一般定向凝固提纯时前几次提纯往往凝固锭较长，后几次则用短锭。

（3）凝固区移动速度。降低凝固区的移动速度，则有足够的时间使液相中的杂质扩散均匀，相应地 K 值越接近 K_0 值，提纯效果越好。但速度过慢，会引起金属的蒸发损失增加，而且设备的生产能力低。

（4）其他。凡能强化液相传质速度的因素均能提高提纯效果。如采用感应加热时，液相由于电磁作用而激烈运动，加快了传质过程，相应地其提纯效果较一般电阻加热时好。

　　此外，真空度对于提纯效果也有一定影响。如果定向凝固提纯是在高真空中进行，杂质还能进一步被蒸发除去。

　　五、简述多晶硅定向凝固的五个阶段

　　多晶硅定向凝固铸锭主要包括五个阶段：升温阶段、熔化阶段、保温阶段、拉锭阶段及冷却阶段。第一阶段为升温阶段，此阶段一般需要两小时左右使温度上升至硅熔点附近温度，为了使坩埚内硅料温度与外部控温温度相对稳定，此阶段可采用分段式阶梯方式进行升温。第二阶段为熔化阶段，此阶段控温热电偶温度缓慢上升，坩埚内硅料开始熔化。当坩埚内硅料完全熔化之后，硅熔体内部温度迅速上升，使硅熔体内部温度在1500℃附近保温一段时间，然后降温至熔点附近温度之上，准备开始定向凝固阶段。定向凝固过程中通过调整拉锭速度和控温温度来调整定向凝固阶段总时间，进而控制定向凝固过程中晶体生长的均速度。凝固过程完成后，为了防止铸锭内部由于快速冷却产生的应力使铸锭碎裂，采用分段式缓慢降温的方式进行冷却。冷却初始阶段以 $0.5 \sim 1.0$ ℃/min 降温速度进行冷却，1000℃以下关闭加热电源，随炉冷却。

内蒙古机电职业技术学院试卷 B

考试科目：　<u>项目工作</u>

试卷适用专业（班）：　<u>　　　　</u>

20　/20　学年度/第　学期　考试时间20　年　月　日　节

题　号	一	二	三	四	五	总　计
分　值	30	20	15	20	15	100
得　分						
阅卷人						

一、名词解释

1. 多晶硅定向凝固的基本方法

答：伴随着对热流控制（不同的加热、冷却方式）技术的发展，多晶硅定向凝固出现了浇注法、布里曼法、热交换法、电磁铸锭法等多种技术。

2. 定向凝固炉的组成

答：定向凝固炉主要由炉体部分、石墨电阻加热部分、铸锭拉锭机构、真空系统、石墨电阻加热控制系统五部分组成。

3. 分离铝硅的方法

答：高温下铝硅熔体具有良好的流动性，初晶硅与铝硅共晶的分离可以采用酸洗、倾倒、过滤、超重力、电磁感应等多种方法实现。

二、简述铸锭组织的控制

答：对合金铸锭或定向凝固铸锭组织的控制，实际上是采取相应的工艺措施来控制铸锭的凝固速度。铸锭单位时间凝固层的增长厚度称为凝固速度，而从合金液充满铸模至凝固完毕的时间称为凝固时间。为了控制铸锭的凝固速度，常常需要对铸锭凝固时间和凝固速度进行估算。当合金、浇注温度和铸模冷却条件确定以后，铸锭凝固时间取决于铸锭体积与散热面积之比，对于盘形铸锭及单向冷却条件，这一比值为铸锭厚度。因而铸锭凝固时间和凝固速度分别为

$$\tau = \left(h/k\right)^2$$
$$v_S = h/\tau = k^2/h$$

式中　τ——凝固时间，min；

　　　v_S——凝固速度，cm/min；

　　　h——铸锭厚度，cm；

　　　k——凝固系数，由合金成分确定，cm/min$^{1/2}$。

柱晶生长主要由液固界面处液相的温度梯度 ΔT_L 和柱晶的凝固速度 v_S 来控制。对某个成分的合金来说，获得良好柱晶的局部冷却速度 $Q_C = \Delta T_L \cdot v_S$ 的值是一定的，其中 ΔT_L 与合金成分、浇注温度及冷却强度有关，v_S 则主要取决于冷却强度。浇注温度一般控制在合金液相线温度以上 30~50℃，应尽力避免合金液过热，铸锭冷却强度可通过调节冷却水流量来控制。因凝固速度 v_S 与铸锭的厚度 h 成反比，增大铸锭厚度可显著地减小 v_S 值，从而可有效地增大晶粒尺寸。

三、简述一种多晶硅定向凝固温度场的设计

答：在制备多晶硅铸锭过程时，考虑到生产成本及对硅纯度的影响，目前工业上一般选用石英坩埚。石英与硅的线膨胀系数不同，在铸锭冷却过程阶段会造成石英坩埚的破裂，因此石英坩埚在铸锭过程中属于消耗品；同时，石英坩埚与硅液在熔炼过程中长时间接触，使得坩埚内的氧和一些其他杂质进入硅中，降低多晶硅铸锭的纯度，进而影响太阳能电池的转换效率。为了解决这个问题，一般采用 Si_3N 等材料作为涂层，喷涂于石英坩埚内壁，从而避免了硅熔体和石英坩埚的直接接触，降低杂质的渗入。为了减少热量从侧面的流出，使用 30mm 厚炭毡、10mm 厚陶瓷毡包围在石墨套筒外部。石英坩埚由底部石墨托盘支撑，石墨托盘与底部水冷底盘之间由石墨柱支撑，底部可以填加绝热材料改变底部散热状态，进而改变定向凝固过程中的温度梯度。

四、简述过热温度对初晶硅形貌的影响

答：不同温度的熔体过热处理可以改变合金的熔体状态，对于 Al - Si 过共晶合金而言，其熔体状态取决于高熔点的硅粒子在熔体中的溶解程度及熔体中所含硅原子集团的大小、数量。当合金加热到液相线以上温度时，硅粒子不会立即溶解，而需要一定的过热度及保温时间，并且在熔体中存在着 Si 的原子集团，随熔体温度的升高，原子集团的尺寸减小，只有当熔体温度超过 1000℃ 以上时，这类原子集团才能消失，熔体达到真正意义上的熔化态。因此，在过热温度低时，一方面硅粒子在较短的保温时间内不能完全溶解，另一方面熔体中存在较大尺寸的 Si 原子集团，因此在冷却的过程中，这些未熔的硅粒子和原子集团直接成为结晶的核心或临界晶核，而且在硅晶体生长的过程中，这些微结构可以作为整体直接附着到硅晶体的生长界面上，促进硅晶体的生长。相反，当熔体过热温度较高时，形成均匀熔体，从而减少或消除熔体中可充当异质核心的未熔硅粒子或原子集团，异质形核能力减弱。从热力学上讲，这种均匀熔体在冷却过程中，一部分的原子集团要进行重构，但这种重构不是简单的可逆过程，而是要受时空条件的限制，时空条件由冷却速度所决定。在慢冷的条件下，初晶硅可以较为充分地生长，而快冷则会限制硅晶体的生长。此外，硅原子在熔体中平均浓度也会影响硅粒子的析出。过热温度越高，熔体越均匀，从而冷却时原子接触重新形成原子集团的概率就越小。因此，经过高温过热处理后，即使在慢的冷却速度下，初晶硅也不会大量析出，即组织对冷速的敏感性降低。因此，通过控制熔体过热处理参数及冷却速度可以改善 Al - Si 过共晶合金组织中的初晶硅形貌。

五、简述本项目提出的定向凝固分离铝硅的技术路线

答：使用熔盐电解法制备的铝硅合金作为分离原料，同时以真空感应熔配铝和工业硅制备的铝硅合金作为对比试验原料。将待分离的铝硅合金加入到电阻定向凝固炉中，在

0.1Pa 真空度充氩条件下加热至熔化，升温至 900～1000℃保温 5～10min；然后进行定向凝固，凝固速率 5～10μm/s，优先析出的固相硅在坩埚底部以柱状晶形式定向生长，最后析出的铝硅合金在上部，形成一个界面；将所得的凝固锭沿硅和铝硅合金的界面处进行切割分离，得到高纯硅和高纯共晶铝硅合金两种产品。

冶金工业出版社部分图书推荐

书　名	作　者	定价(元)
中国冶金百科全书·有色金属冶金	编委会　编	248.00
固体物料分选学（第2版）（本科教材）	魏德洲　主编	59.00
冶金设备（第2版）（本科教材）	朱　云　主编	56.00
冶金设备课程设计（本科教材）	朱　云　主编	19.00
有色冶金概论（第3版）（本科教材）	华一新　主编	49.00
有色金属真空冶金（第2版）（本科国规教材）	戴永年　主编	36.00
有色冶金化工过程原理及设备（第2版）（本科国规教材）	郭年祥　主编	49.00
有色冶金炉（本科国规教材）	周子民　主编	35.00
重金属冶金学（本科教材）	翟秀静　主编	49.00
轻金属冶金学（本科教材）	杨重愚　主编	39.80
稀有金属冶金学（本科教材）	李洪桂　主编	34.80
复合矿与二次资源综合利用（本科教材）	孟繁明　编	36.00
有色冶金工厂设计基础（本科教材）	蔡祺风　主编	24.00
冶金工程概论（本科教材）	杜长坤　主编	35.00
物理化学（高职高专教材）	邓基芹　主编	28.00
物理化学实验（高职高专教材）	邓基芹　主编	19.00
无机化学（高职高专教材）	邓基芹　主编	36.00
无机化学实验（高职高专教材）	邓基芹　主编	18.00
冶金专业英语（高职高专国规教材）	侯向东　主编	28.00
金属材料及热处理（高职高专教材）	王悦祥　等编	35.00
流体流动与传热（高职高专教材）	刘敏丽　主编	30.00
冶金原理（高职高专教材）	卢宇飞　主编	36.00
铁合金生产工艺与设备（高职高专教材）	刘　卫　主编	39.00
矿热炉控制与操作（第2版）（高职高专国规教材）	石　富　等编	39.00
稀土冶金技术（第2版）（高职高专国规教材）	石　富　主编	39.00
稀土永磁材料制备技术（第2版）（高职高专教材）	石　富　等编	35.00
火法冶金——粗金属精炼技术（高职高专教材）	刘自力　主编	18.00
火法冶金——备料与焙烧技术（高职高专教材）	陈利生　等编	18.00
火法冶金——熔炼技术（高职高专教材）	徐　征　等编	31.00
湿法冶金——净化技术（高职高专教材）	黄　卉　等编	15.00
湿法冶金——浸出技术（高职高专教材）	刘洪萍　等编	18.00
湿法冶金——电解技术（高职高专教材）	陈利生　等编	22.00
氧化铝制取（高职高专教材）	刘自力　等编	18.00
氧化铝生产仿真实训（高职高专教材）	徐　征　等编	20.00
金属铝熔盐电解（高职高专教材）	陈利生　等编	18.00
金属热处理生产技术（高职高专教材）	张文丽　等编	35.00
金属塑性加工生产技术（高职高专教材）	胡　新　等编	32.00